CHENGSHI DIXIA KONGJIAN KAIFA

城市地下空间开发

王晓睿 | 编著

人民交通出版社股份有限公司
China Communications Press Co.,Ltd.

内 容 提 要

本书详细阐述了城市地下空间开发的相关内容。全书共分7章，内容包括绪论、城市地下空间开发类型及基本规划原则、城市轨道交通系统、地铁、城市地下空间商业开发、城市地下空间开发案例分析以及城市地下空间工程施工技术简介。

本书可供城市规划管理部门相关从业人员，轨道交通、市政建设管理人员以及高等院校相关专业师生学习参考。

图书在版编目(CIP)数据

城市地下空间开发 / 王晓睿编著. — 北京：人民交通出版社股份有限公司，2018.10

ISBN 978-7-114-15028-9

Ⅰ. ①城… Ⅱ. ①王… Ⅲ. ①地下建筑物—城市规划 Ⅳ. ①TU984.11

中国版本图书馆CIP数据核字(2018)第221818号

书　　名：**城市地下空间开发**
著 作 者：王晓睿
责任编辑：吴燕伶
责任校对：刘　芹
责任印制：张　凯
出版发行：人民交通出版社股份有限公司
地　　址：（100011）北京市朝阳区安定门外外馆斜街3号
网　　址：http://www.ccpress.com.cn
销售电话：（010）59757973
总 经 销：人民交通出版社股份有限公司发行部
经　　销：各地新华书店
印　　刷：北京虎彩文化传播有限公司
开　　本：787×1092　1/16
印　　张：12
字　　数：229千
版　　次：2018年10月　第1版
印　　次：2018年10月　第1次印刷
书　　号：ISBN 978-7-114-15028-9
定　　价：45.00元

前言

近年来，随着城市化进程的加速，城市内可供建设开发的土地资源日益紧缺，大规模合理利用地下空间已成为可持续发展的重要手段之一。同时，在各大城市轰轰烈烈进行轨道交通建设的带动下，地下空间利用也日益普遍，这必然也对城市规划和城市管理提出迫切要求，带来较高挑战。

本书涵盖了城市地下空间开发的概括性介绍与开发实例分析：介绍了城市地下空间发展过程和地下空间立法进程，并对目前我国地下空间开发存在的问题进行客观评价；介绍了不同形式的地下空间开发原则、基本思路等，对城市轨道交通、地下商业开发以及以地铁为主线的TOD（Transit Oriented Development，以公共交通为导向的开发）综合开发进行了重点介绍和分析，并应用大量实例和案例分析进行阐述，内容新颖并具有理论意义和工程背景。

本书可供城市规划管理部门相关从业人员，轨道交通、市政建设管理人员，以及高等院校相关专业师生学习参考。

本书在编写过程中得到北京城建设计发展集团有限公司副总工程师任静、建筑院室主任刘健红、项目负责人王思明，上海地下空间设计院分院院长朱琦，郑州地铁集团有限公司技术部副主任李春建、刘军等专家的专业审核和资料提供，也得到了北京交通大学、西南交通大学（上海）TOD研究中心以及人民交通出版社股份有限公司的大力支持和帮助，在此表示诚挚的感谢！

由于作者水平能力所限，不妥之处在所难免，殷切希望广大读者批评指正！

作　者

2018年6月

目 录

第1章 绪 论

1.1 城市地下空间开发内容及特点

1.1.1 城市地下空间开发的内容

城市地下空间的开发就是指利用城市地下空间构建交通运输方面的地下铁道、公路隧道、地下停车场及各种穿越障碍的地下通道；工业与民用方面的各种地下制作车间、电站、车库、商店等；人防市政地下工程；文化、体育、娱乐等方面的联合体育建筑等（图 1-1 ～图 1-4）。

城市地下空间工程是从事城市各种地下工程的规划、勘测、设计、施工和维护的一门综合性应用科学与工程技术，是土木工程的分支。

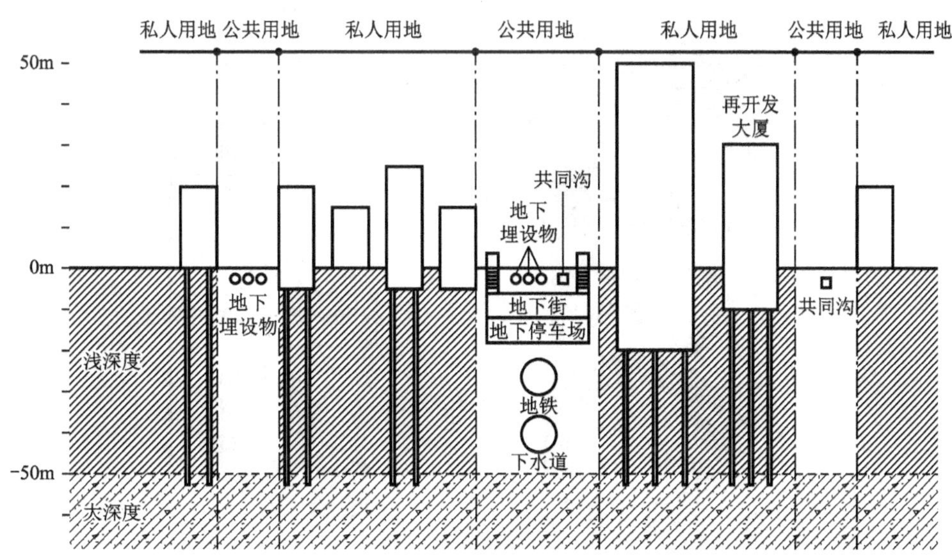

图 1-1　城市地下空间利用现状

图 1-2　地下发电厂

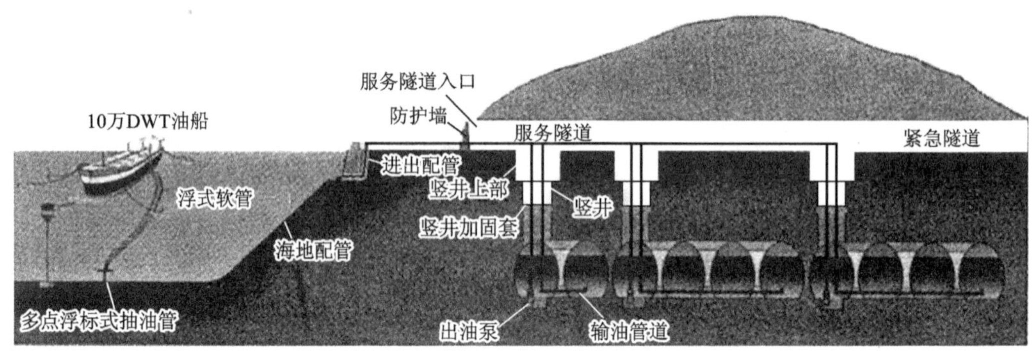

图 1-3　石油地下储备方式示意图

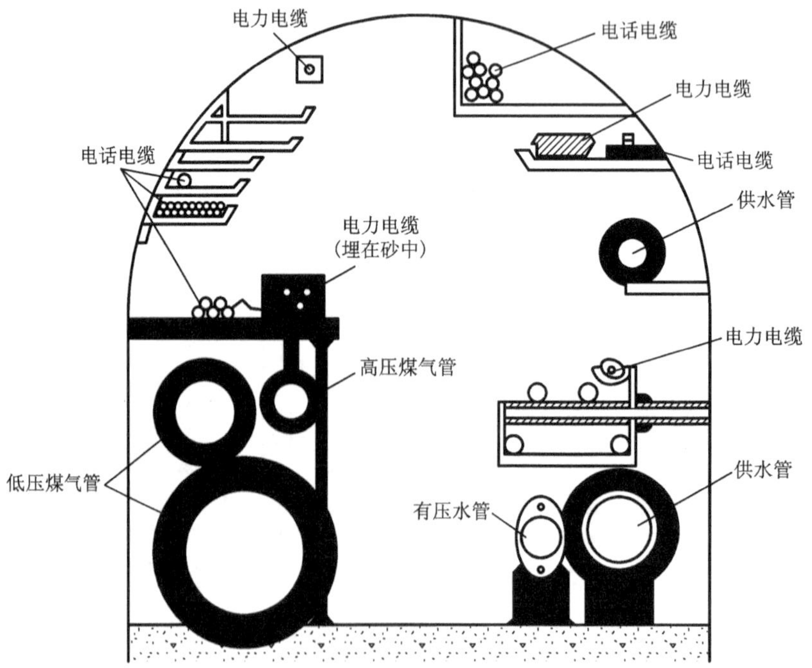

图 1-4　伦敦地下多功能廊道示意图

为了加强对城市地下空间开发利用的管理，合理开发城市地下空间资源，适应城市现代化和城市可持续发展建设的需要，原建设部依据《中华人民共和国城市规划法》及有关法规，于1997年10月24日印发了《城市地下空间开发利用管理规定》，并又于2001年11月2日印发了《建设部关于修改〈城市地下空间开发利用管理规定〉的决定》。

1.1.2　城市地下空间的基本特点

（1）城市地下空间开发具有不可逆性

城市地下空间开发的不可逆性主要体现在与地面以上工程建设的区别方面，具体有：

①地面工程是以大地为基础，依靠地基承载；而地下工程是以岩体作为基础，依靠围岩承载。

a. 地面工程的重点，主要是对受力比较明了的基础进行加固，设计较为简单。

b. 城市地下空间开发，主要是在城市地面以下的土层和岩体中修建建筑物（图1-5），由于岩体具有复杂性、难以量化定性等特点，使得以岩体为基础的地下洞室围岩稳定问题变得十分复杂。

图1-5　大体量地下空间的施工

②地面工程以建筑材料为主体，材料强度是关键；地下空间开发以支护为主体，围岩稳定是关键。

a. 地面工程材料多以钢材、混凝土为主，其材料特性容易把握。

b. 地下空间工程需要围岩稳定来保证工程的安全。

（2）地下空间开发过程的复杂性

地下空间开发过程的复杂性表现在以下几个方面：

①地质勘探的复杂性。

②影响地下空间开发过程中围岩稳定性的因素复杂多变。

③地下空间在设计和分析计算方面的复杂性。

④地下空间工程施工的复杂性(图 1-6)。

图 1-6　地下空间构筑过程中复杂的施工环境

a. 施工技术难度大。

b. 施工条件差:通风、照明等。

c. 施工工艺要求高:基坑支护、区间掘进等。

(3)城市地下空间的其他基本特性

①可为人类的生存开拓广阔的空间。

②具有良好的热稳定性和密闭性。

③具有良好的抗灾和防护性能。

④社会、经济、环境等多方面的综合效益好。

⑤造价较高。

(4)城市地下空间在使用过程中的缺点

①见不到阳光,温差小、湿度大。

②空间封闭压抑,空气不易流通。

③人员活动不自在。

④环境噪声级增强。

⑤微生物繁殖快。

1.2　城市地下空间开发的发展历史、现状及趋势

1.2.1　地下空间开发利用的发展历史

人类有意识地利用地下空间来进行社会活动由来已久，对于地下空间的开发利用经历了四个阶段。

第一个阶段为原始社会时期，地下空间利用以洞居为主。

第二个阶段为农业社会时期，地下空间利用多为地下陵墓工程、各类输水工程等（图 1-7、图 1-8）。

a)

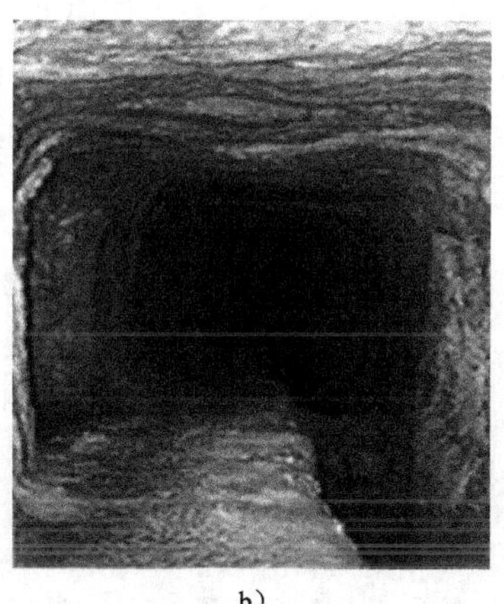

b)

图 1-7　古希腊萨摩斯隧道

图 1-8　用于生产灌溉的坎儿井

目前最古老的隧道是在公元前 2180—前 2160 年间修建的连接古巴比伦城皇宫与神庙

的人行隧道。

《左传》和《春秋》有记载，郑庄公（公元前 743—前 701 年在位）的父亲郑武公娶姜氏为妻，生有两个儿子。因大儿子是难产（先脚后头）而生，被认为大逆不道，所以一直不被姜氏喜欢，并被取名为寤（wù）生。姜氏偏爱二儿子叔段，希望郑武公立叔段为太子。姜氏未能如愿，一直怀恨在心。等郑武公去世后，寤生继承王位，是为郑庆庄公（公元前 743—前 701 年在位）。姜氏多次向庄公提出无理要求，后居然煽动次子叔段篡位，被庄公识破，叔段自刎而死。庄公把母亲从京城赶到颍谷（今河南登封西），且发誓称：不到黄泉，决不相见。当时镇守颍谷的官员叫颍考叔，为人正直无私，一向有孝顺爱友的美誉。他见庄公把母亲安置到这里，认为母亲虽然不像母亲，但儿子却不能不像儿子。于是劝说庄公，庄公却被“不到黄泉，决不相见”的誓言所阻。颍考叔献计：可以挖掘地下，直到泉水涌出，取名“黄泉”，建一地下室，母子在那里相见，又有谁能说这不是黄泉相见呢？这就是中国历史上非常有名的“黄泉见母”的故事，也是最早进行地下空间利用的历史事件。

我国最早的人工交通隧道是位于今陕西汉中市的石门隧道，建成于公元 66 年。

第三个阶段是工业社会时期，地下空间利用多为近现代所建的地下交通工程，如地铁（图 1-9）。

图 1-9　上海地铁

第四个阶段将是未来发展过程中，为解决城市人口增长而面临用地紧张情况下的新洞居阶段，以地下住宅、交通、商业等为主的各类城市综合设施，如挪威规划的地下奥林匹克运动场馆（图 1-10），大型地下停车场，日本提出的大型地下城市（图 1-11）以及各国大城市目前正在推广建设的地下停车场 + 轨道交通（图 1-12）的综合开发模式等。

图 1-10　挪威奥林匹克地下运动场

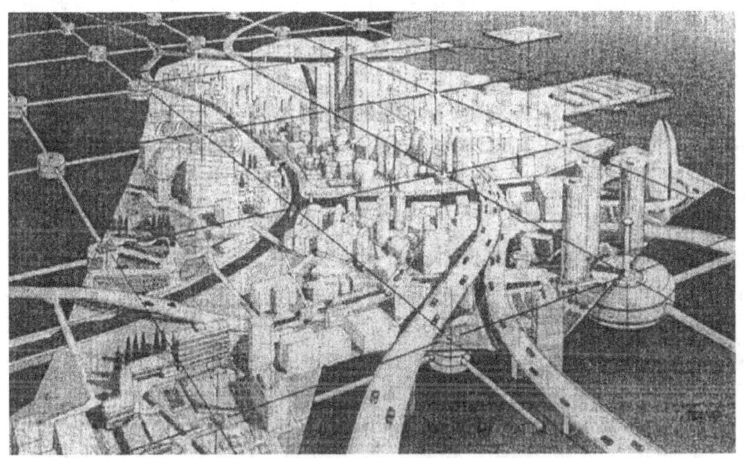

图 1-11　日本东京地区大深度地下空间构想

图 1-12　地下停车场＋轨道交通

1.2.2 我国地下空间开发现状

（1）类型

目前我国城市地下空间开发利用主要在以下几个方面：

①交通设施。包括地铁、地下公路、地下停车库、地下步道以及静态交通设施等。地下步道是指城市地下步行系统。

②市政设施。市政设施是长期以来城市地下空间利用的主要内容，在城市的地下，各种水、电、气、暖、通信管线密密麻麻地布满了整个空间，也成为目前城市地下空间开发中的难点。

③商业设施。目前国际上多数城市非居住地区的商业空间正在向地下发展，并将地下空间与地铁车站、地面铁路车站等连接起来，形成了地下、地上统一的商业空间，即地下街形态模式。我国不少大城市也建有地下商业服务设施，多为人防工程的平战转换工程。

④防灾设施。目前我国许多城市地下空间利用类型主要为人防设施，可容纳大量人员避难，用于救治伤员、储存物资，也可用于人员疏散、伤员转运、物资运输等。

⑤生产性设施。位于城市市区的工业、仓储物品可以转移到地下空间。地下空间特有的环境使地下仓库适宜于储存粮食、食品、油类、药品等，成本低、质量高、经济效益好且能节约地上仓库用地面积。

（2）取得的成就

由于各大城市的地面交通日渐拥挤，城市用地日趋紧张，城市地下空间的利用对改善地面环境起到了越来越重要的作用。在发展地下交通、降低城市大气污染的同时，城市地下市政管线公用隧道（也有称为管廊或共同沟），将自来水管、排污管、供热管、燃气管道、电缆和通信管道纳入其中，不仅可缩短管线长度达 30%，还易于检查和修理，不影响地面土地的使用。进入 21 世纪后，我国城市地下空间的开发和利用，得到了很大发展，其主要成就表现在：

①城市地铁建设的快速发展带动了城市地下空间资源的大规模开发利用。地铁建设推进了城市的定向、有序发展，并带动了地铁沿线房地产业的发展和地下商业交通的开发利用。

②城市高层建筑的“上天入地”推进了城市空间的立体开发。

③充分开发利用地下空间资源的防护潜能，提高了城市的防灾抗毁能力。

④城市地下空间的开发利用已步入法制化轨道。

（3）存在的主要问题

城市地下空间资源是迄今为止人类所认识的空间资源的重要部分。19 世纪是“桥”的世纪，20 世纪是“高层建筑”的世纪，21 世纪则是“地下空间”的世纪。对于日益增长的全球人口，逐年下降的人均土地占有面积，特别是像中国这样人口众多、资源相对不足的国家，虽然地下空间开发利用已经有了很大发展，但相对人们日益增长的需求而言还远远不够。

城市的地下空间如同地表土地和地下矿场一样，是一种宝贵的自然资源，需要法律作为保障来进行合理、有序的开发利用，避免无秩序、无计划的乱挖、乱建引起的破坏和浪费。同时，地下空间的不可逆转性，决定了制订和实施城市地下空间开发利用规划的严肃性。地下空间一旦被开发利用，地层结构将不可能恢复到原来的状态，已建成的地下建筑物的存在将对邻近地区产生很大的影响。因此，城市地下空间开发利用必须是合理、科学、慎重的决策，而要实现统一规划、统一管理和综合利用，必须首先立法，通过立法促进开发、保护资源。美国、日本和西欧发达的资本主义国家等，为了保障地下空间这一具有极大潜力的领域健康发展，在政策和立法上做出了许多明确的规定，并且在实践中不断完善。目前，我国还没有形成一套完整的开发利用城市地下空间的法律、法规体系。我们在吸收国外先进经验的同时，应结合我国的具体国情，加强对地下空间开发利用的立法和管理。

我国沿海地区以及北京、上海、广州等大城市已经有相关的地下空间规划指南，大量的地下大型综合体也正在建设中，地下空间开发正处于快速发展阶段，未来会向多元化、大规模、深层地下空间发展。分析当下城市地下公共空间开发利用存在的主要问题，除去立法之外还有以下几个方面。

①在设计理念上，未能真正将城市地下交通建设与城市地面建设有机结合，应通过统一规划形成地上、地面、地下一体化的立体综合空间开发。

②由于技术、经济等方面的原因，在内部环境营造上，我国与先进国家相比还存在较大差距。

③在安全问题上，虽然有必要的法规和设计标准，但仍然存在用电安全、防火安全等没有得到充分保障的情况。

④出入口设计未能与周围环境很好地相融合，如位置选择、公共交通接驳以及停车场设置等。

（4）发展趋势

未来城市地下空间的开发利用将逐渐规范化、法制化和专业化。从空间的使用来说，也将分层化和深层化。

①分层开发利用。浅层空间主要用于交通、娱乐、商业车库等；中层空间主要用于污水、垃圾处理，埋设市政管线；次深层和深层主要用于地下水输送、处理、回收，能源储存等循环系统。

②大型地下综合体，主要是用来作为工业和民用项目综合开发利用。

③地下交通网的开发，也是城市交通发展的重点。目前，全世界有 127 个国家近 150 个城市都已经建有或正在建设地铁，城市内的地铁网与地面公路、高架路、地下公路形成一个独特的城市快速交通网。

④具有防灾功能的城市地下空间开发利用。各种自然灾害（地震、火山喷发、飓风等）以及由战争、生产事故（放射、泄毒）等引起的灾难层出不穷，对于聚居了大量人口的现代化城市来说，建设具有一定防御能力的避难场所是城市防护系统必不可少的。毫无疑问，地下空间是具有最好防御能力的选择。世界发达国家在这方面都有很多经验，如前苏联各大城市基本都建有能容纳城市总人数 70% 的掩体工程；瑞士建设了在危急状态下能保证 90% 人口安全的掩体工程；美国在弗吉尼亚州建造了一个"芒特弗农"地下城，作为应对核战争准备的超绝密地下城，其具有经受核持久战的一切机能。

⑤市政设施的地下空间利用。作为城市生命线系统的市政设施管线一直是城市地下空间利用的重点，其包括水、暖、电、气、通信系统。

1.3 城市地下空间开发的基本条件、策略和属性

1.3.1 城市地下空间开发的基本条件

地下空间的开发利用，与城市的经济实力密切相关。现代城市呈立体化组合，它要求地上、地下同步开发，需要一定的经济实力。

中国工程院院士王梦恕认为：从发达国家的发展历史来看，人均生产总值进入 500 美元后，基本具备了大规模开发利用地下空间的条件和实力；人均生产总值在 1000 ～ 2000 美元之间，就达到了开发利用地下空间的高潮期。

据专家分析，当城市居民的生活保障仍是一个主要问题的时候，要大力开发地下空间是不切实际的。只有当城市居民人均生产总值达到 3000 美元时，才有可能加速开发地下空间。

2003 年，国务院办公厅出台的《国务院关于加强城市快速轨道交通建设管理的通知》（国办发〔2003〕81 号）（以下简称"81 号文"）规定，申报修建地铁的城市，必须达到下述基本条件：

（1）地方财政一般预算内收入在 100 亿元以上。

（2）地区生产总值达 1000 亿元以上。

（3）城区人口在300万人以上。

（4）规划线路的运期客流规模达到单向高峰小时3万人次以上。

2018年，国务院办公厅发布了《国务院办公厅关于进一步加强城市轨道交通规划建设管理的意见》（国办发〔2018〕52号）（以下简称“52号文”），81号文同时废止。52号文将申报建设地铁的城市条件进行了修订：城市一般公共财政预算收入从100亿元以上大幅提高到300亿元以上；地区生产总值从1000亿元以上大幅提升至3000亿元以上；申报地铁城市的市区常住人口和规划线路远期客流规模两项指标保持不变，分别为300万人以上和单向高峰小时3万人次以上。

同时，申报轻轨的城市一般公共财政预算收入应在150亿元以上，地区生产总值在1500亿元以上；市区常住人口在150万人以上，规划线路的运期客流规模应达到单向高峰小时1万人次以上。

52号文还规定，除有轨电车外，其余城市轨道交通方式均应纳入城市轨道交通建设规划之中并履行报批程序。

1.3.2 城市地下空间开发的策略

如今，我国不少城市即将进入大规模开发利用地下空间的新时期。面对这一新形势，应当采取以下战略对策。

（1）加强对地下空间发展的认识

对于城市空间发展，应当从过去主要向四周扩展和兴建大量高层建筑转到重点开发利用地下空间的轨道上来。

①只有开发利用城市地下空间才能缓解城市空间发展的突出矛盾与问题。

向城市周边地区扩展，会受到有限的土地资源的制约和现行体制的限制。向高空发展，建高层、修高架路和立交桥，又会加重城市空间密度，使城市空间发展逐步走向恶性循环。

因此，最明智的选择是转向开发利用地下空间。

②开发利用城市地下空间可以增强城市的总体防灾减灾能力。

开发利用地下空间，尤其是建设用于防空的、有防护能力的地下工程，是高技术局部战争条件下增加城市防护能力、预防和抗御自然和人为灾害的最重要手段。

高层建筑建设地下人防工程，是防震减灾行之有效的办法。据不完全统计，汶川地震中，重灾区都江堰市1.8万人防工程完好无损，有人防工程的建筑物无一坍塌。图1-13为5•12汶川大地震后完好的地下厂房。

图 1-13　汶川大地震后映秀的一处地下厂房(完好)

③开发利用城市地下空间可以为创造一个最适宜创业发展和居住生活的现代化中心城市提供良好条件。

地铁、地下商场、地下商业街和地下停车场等项目不仅提高了城市人防备战功能和防护能力，同时改善了城市地面环境，扩大了服务业的规模，保证地面有更多绿地、可以建更多广场，缓解了市内交通的拥挤状况。

(2)加强城市地下空间开发利用的统一规划与管理

①当前必须加强地下空间开发利用的统一规划与管理，重点在于：

a. 抓紧制订城市地下开发建设总体规划。

b. 将城市地下空间开发利用规划与城市防灾减灾建设有机结合。

c. 城市地下空间开发利用规划与建设，必须严格遵守各项技术规定与法规条例。

d. 尽快实现城市地下空间开发利用模式的转换。

②城市地下空间开发利用，应当由单一的开发利用模式转到综合开发利用模式上来，传统单一的开发利用模式已经不适应现代城市发展的要求。要做好综合开发，必须注意解决以下几个问题：

a. 要确立立体的综合开发利用观。

b. 要把地下设施建成一物多用、一物多能、多功能的综合体。

c. 完善单一地下设施的其他功能。

d. 建立和完善城市地下空间开发利用的运行机制。

③为了建立起与地下空间综合开发利用模式相适应的运行机制，需重点解决好以下几个问题：

a. 建立协调机制。

b. 运用政策与法规管理。

c. 市场调节多元化投资机制适用性。

d. 地下空间使用费问题。

1.3.3 城市地下空间开发的基本属性

（1）综合性

城市地下空间在开发过程中，涉及规划、设计与施工，需要运用工程测量、工程力学、建筑材料、建筑结构、建筑设备、机械工程、电气自动化和技术经济等方面以及施工技术、施工组织管理等领域的知识和技术。在运营过程中，更涉及社会、管理、经济和法律等领域，所以综合性是城市地下空间开发的最大基本属性。

（2）社会性

城市地下空间的开发利用是伴随着人类社会发展需要而逐渐发展起来的，它所建造的工程设施和环境构造均应反映出各个不同年代社会经济、文化、科学技术发展的面貌与水平。

（3）实践性

某种意义上，城市地下空间的工程实践常先行于理论。至今不少地下工程问题的处理，在很大程度上仍然依靠实践经验，以工程类比为主的经验法，至今仍在广泛应用。

（4）技术、经济、建筑艺术与环境的统一性

人们力争最经济地建造既安全、适用又美观的城市地下空间建筑，其经济性与各项技术方案常密切相关，例如工程选址、工程设计与施工技术合理性等。工程建设的总投资、地下空间开发利用建成后的社会效益与经济效益以及使用期间的维护费用等，都是衡量其项目经济性的重要依据，而这些都与技术工作密切相关，必须综合考虑。

1.4 城市地下空间可持续发展的辩证思考

1.4.1 城市可持续发展的辩证对比

我国人口多、资源少的特点，决定了可持续发展是城市发展的必然选择。而随着城市化进程加速，人口不断向城市聚集，城市规模也不断扩大，强调城市可持续发展就更加具有现实意义。进入21世纪以来，“可持续发展”已成为世界各国的主要发展战略，生态环境越来

越受到关注。新情况要求新思路，保护生态环境、做好生态建设已经成为城市可持续发展的主要出发点。

（1）地表抗灾和地下防灾

地面建筑防灾能力差，而地下结构具有较好的抗灾能力，因此高层建筑建设地下人防工程，是防震减灾的行之有效的办法。

（2）地表储水和地下储水

地面建坝修水库历来是人类调节水量的重要技术手段和传统思路。但"平地出高湖"会淹没耕地，引起库区森林淹没、泥沙淤积以及下游河道冲刷，影响包括珍稀动植物在内的生态和环境，甚至会诱发地震和山体滑坡。

（3）高架路和地下高速路

交通拥塞、事故和污染是目前大城市面临的头等难题，曼谷交通堵塞曾消耗掉每年35%的生产总值。为解决这一难题，20世纪初期，美国、日本等一些城市向空中发展，修建了高架路（图1-14）。到20世纪90年代，国外开始停止修建高架路，并开始拆除大城市高架路，城市高速路向地下发展。

图1-14　拥挤的城市高架桥

土地利用方式缺乏科学性、前瞻性是目前制约我国城市可持续发展的主要因素，就城市的发展而言，各大中城市主要有两种途径：

一是通过外延式拓展来满足城市用地的需求，即通过"摊大饼"的方式使城市规模不断扩大，这种方式以城郊农田的丧失、城市生态系统的破坏为代价。

二是内涵式的发展，即在限制城市蔓延的前提下，以科学的城市规划为基础，以土地的市场调节机制为手段，使城市中的土地利用结构与城市空间资源的利用结构有序化。

随着人口向大城市聚集速度的加快，城市外延式发展的弊端愈发显现，主要表现在：

①耕地是有限的。

②外延式拓展方式使城市交通面积增加,但交通更加拥挤,城市运行成本增加。

③外延式拓展方式使城市生态环境恶化。城市向外低效率的扩张,使得城市郊区生态环境发生逆转,从而使得城市郊区对城市内部生态的调节功能降低,进一步恶化城市生态环境。

④外延式拓展方式人为地缩小城市的理论容量。大部分城市规划往往落后于城市发展,地下空间、地面空间、地上空间三者的协调还不够,很多时候没有考虑三者的相互配合和促进,反而相互影响,导致三者发展都受到很大影响,人为的失误缩小了城市的理论容量。

⑤外延式发展方式使得城市开发潜力受到极大的限制。其原因在于地面面积是有限的,而过分向空中发展也具有很大局限性。区域对外交通的便利性程度也限制其发展,若只单纯利用地面交通,会使该区域交通变得拥挤,而建成步行街,也因为人步行距离的有限性,使得步行街不能建得过长,这也限制了区域的开发潜力。

1.4.2 城市地下空间可持续发展的基本需求

城市地下空间发展过程中基于可持续性的内在需求主要表现在:

①需要有合理的城市人口规模。

②要有可支撑可持续发展的经济结构。

③要合理安排城市地下空间体系中的现代化城市基础设施。城市中的道路交通系统、供水与排水系统、环境系统、防灾系统、能源系统、通信系统等构成了城市的基础设施。城市基础设施不仅是城市赖以生存和发展的基础,还是城市地区物质形态的主要元素,对城市的可持续发展具有十分重要的意义。

④要出台真正有意义的、有效的土地利用方式和对应政策机制。

⑤城市地下工程有利地面的自然环境保持,但改变了原有的工程地质环境,也必须考虑地下工程自身的可持续发展:首先要充分考虑地下工程的不可逆性,需认真规划,考虑未来发展;其次要尽量减少地下开挖引起的破坏;另外还要考虑地下空间的废弃和远期回收;最后要考虑到地下结构自身的抗灾能力和建造过程中的建筑垃圾处理问题。

1.4.3 城市地下空间可持续发展的途径

要保证城市的可持续发展,必须改变目前土地的低效率利用方式,必须使城市空中、地面及地下空间得到科学合理的利用。地下空间的有效利用保护，是扩大城市容量，使城市保持可持续发展的有效途径。

（1）利用城市地下空间大幅度提高城市理论容量

城市地下空间对大幅度提高城市容量有显著的作用，地下空间资源的开发，从理论上说几乎是无限的。国外有专家估计，在30m深度范围内开发相当于城市总面积1/3的地下空间，就等同于全部城市地面建筑的容积。

（2）充分认识到城市地下空间本身是宝贵的资源

地下空间具有唯一性，既不能增加，也不能创造，而只能相对减少，关键在于如何充分利用而不浪费。

（3）处理好地下、地面、地上建设的关系，使城市空间最优化

应处理好地下、地面、地上建设这三者的关系，做好综合分析和评价，确定哪些建筑宜在地面建设，哪些建筑宜向空中发展，哪些建筑宜向地下延伸，地下、地面、地上建筑如何布局，各占多大比例，使城市规划实现高容量、高强度、高效率。

（4）充分考虑生产、生活设施的设置位置

①从降低资源消耗的角度出发可将部分城市功能转入地下。地下空间由于有厚实土层这种天然的保温材料的围护，受地面温度的变化影响很小，如土层3m深处的温度几乎不受外界的影响。因此地下空间有冬暖夏凉的突出优点，是一种节约能源的、经济有效的建筑形式。

②利用地下空间的封闭性改善生态环境。

地下空间的封闭性很合适将收集、处理的污水和垃圾置于地下，最大限度地降低它们对生态环境的污染，并使其形成封闭循环，有利于节约资源。

③交通设施置于地下，可大幅度缓解地面交通的拥挤。交通功能是目前开发地下空间的主要功能。交通空间可细分为动态交通空间和静态交通空间。动态交通空间指地铁、公路隧道、车行道、人行道等；静态交通空间指地下车库等。开发地下交通空间，已经成为解决城市病的最主要手段之一。

④城市繁华地区的地下空间利用，在不降低环境质量的前提下，大大扩展了商业容量，增强了土地的聚集效应，同时能解决这些地区对外交通的问题。

⑤共同沟把城市水、电、气各种市政管道集中在一起，便于维修维护，避免了城市道路的“开肠破肚”，同时也避免后期城市建设与市政管网的冲突。

⑥城市可持续性发展要求城市有较强的防灾能力。根据研究，发生地震时，地下深处的地震烈度只有地面地震烈度的五分之一，地下空间的利用能够提高城市的防灾害能力。

在城市遭受地震灾害，地面交通被破坏时，地下交通能够发挥至关重要的作用。在地震

多发地区的地下交通空间设置防灾储备仓库，发生地震时可利用地下网络进行救援。

1.5 城市地下空间开发的法律进程

城市土地资源高效利用与地下空间综合开发，已成为城市建设可持续发展的重要选择。但我国城市地下空间开发利用的总体水平还处于较低的阶段，综合化利用水平不高，上下建筑贯通性差，市民步行不便利，空间环境不良，城市重要地区土地利用的附加值没有充分开发。缺乏合理规划、多头管理、产权模糊不清、技术标准不完善等问题，严重制约了地下空间开发的可持续发展。

1.5.1 关于空间权的法律概念

随着城市化过程中人口增加，土地资源日渐稀缺，人们对于土地的利用已经从平面化走向了立体化开发利用。这一世界范围的土地利用趋势，带来了土地权利观念和立法模式上的变革。土地立法经历了从“平面”到“立体”的转变。因此，也就有了空间使用权的概念。

19 世纪末 20 世纪初，人类对于土地的利用方式已经从平面走到了立体，一种以地表之上（空中）或者地表之下（地中）一定范围内空间为客体的财产权应运而生，这种权利就是空间使用权。

空间权制度，特别是地下空间使用权制度在其他各国或地区立法上相继得以确立。

（1）空间权的产生过程

从 19 世纪末到 20 世纪初，各国先后通过制定民法典、特别法或其他相关法律，以及通过司法判决等方式，正式确立了土地地表上空及下空的所有与利用相关的法律制度。

但空间权产生的基础不仅是技术层面的原因，更有理论层面的原因，即人们对于土地所有权观念的转变。在古罗马，所有权是绝对的。这种所谓的绝对性在土地上的表现就是“根据自然法，地面上的物品添附于地皮”“土地所有权的效力范围以地表为中，延至地表上下的无限空间”。根据这种理论，个人对于土地的所有权可以“上穷天际，下及地心”“土地属谁所有，土地上空及地下也属谁所有”。

这种所有权绝对的理论显然不利于社会经济的发展，造成社会资源的大量闲置与浪费。19 世纪，伦敦地铁出现；20 世纪后，地下空间的利用形态不仅有地铁、地下管线，还有共同沟

（地下综合体）、地下商场、地下街、地下停车场、地下储藏室、地下人防工程以及大量军事设施等，人类对地下空间的开发利用进入了新的时代。这些利用形态主要是商业开发利用，由此地下空间利用必然要求在民事立法或财产立法中有所体现，这种财产权不同于地表及其一定上下空间的土地所有权或土地使用权，因而成为一种新型的财产权。因此，所有权相对的观念逐渐取代了所有权绝对的理念，并相继在各国或地区的立法上取得了支持，空间权也就获得了产生的理论基础。

（2）空间权的发展历程

①自发利用。

人类利用地下空间的历史悠久，利用目的和形式繁多。可以说，人类地下空间利用的历史就是一部出于各种目的和动机、发展和挖掘地下空间的潜力、不断寻求其新的使用方法的历史。

②自觉利用。

进入现代社会以后，地铁、城市公共事业管道等地下空间利用已成为城市地下空间利用的主流。在城市超高密度发展的今天，地下空间的特殊优点更加突出，因而更增加了其开发利用的必要性和迫切性。

1.5.2 空间权的含义以及各国法律进程

对于空间权的基本含义，不同国家或地区的立法认识是不一样的。世界各国和地区在实际运用过程中根据不同情况都在立法进程中分别予以明确。

（1）美国

进入20世纪后，由于城市化的发展以及科学技术的进步，美国开始大规模对土地进行立体开发利用。地表上下一定范围的空间可以让与、租赁，以此为客体而成立的不动产权利，被称为空间权。又因其产生于城市土地立体开发利用的过程，因而又被称为发展权（Development Rights）。

1927年，伊利诺伊州制定了美国历史上第一部关于空间权的成文法——《关于铁道上空空间让与与租赁的法律》。1958年，美国议会做出“州际高速公路的上空与下空可以作为停车场使用”的决定，空间权概念由此在美国广泛传播。1962年，美国联邦住房管理局制定的国家住宅法规定，空间权可以抵押。1970年，美国有关部门倡议各州使用“空间法”这一名称制定各自的空间权法律制度。

1973年，俄克拉荷马州率先制定了著名的《俄克拉荷马州空间法》。按照该法，空间是一种不动产，其与一般不动产一样，应成为所有、让渡、租赁、担保、继承之标的，并且在课税及公用征收上与一般不动产相同，依同一原则处理。州及自治体可以与其他公司实体共同开发空间，也可以将公有道路用地上的不必要空间出售、出租，或对公有道路用地仅得有地役权。这个州法是对以前的判例与学说中关于空间权法律问题基本立场的总结。因此，与其说该法是在创设新的空间权法制度，还不如说是对过去普通法上已获得承认的空中权以制定法予以确认和补充。

(2)日本

日本在19世纪末20世纪初出现了地下空间早期利用，主要是地下水道、地铁及共同管道（共同沟）。第二次世界大战后，由于日本经济起飞，一些大城市的土地资源非常紧张，日本法学界开始思考借鉴美国关于空间权的理论。

1966年，日本修正了民法典，通过附加的形式在地上权的规定中，附加了区分地上权制度。如第207条（土地所有权范围）规定："土地所有权于法令限制的范围内，及于土地的上下"。第269条之二（地下、空中的地上权）规定："(1) 地下或空间，因定上下范围及有工作物，可以以之作为地上权的标的。于此情形，为行使地上权，可以以设定行为对土地的使用加以限制。(2) 前款的地上权，即使在第三人有土地使用或者收益权利情形，在得到该权利者或者以该权利为标的权利者全体承诺后，仍可予以设定。于此情形，有土地收益、使用权利者，不得妨碍前款地上权的行使"。

到20世纪80年代地下空间开发利用进入新的时期后，日本开始探索新的地下空间开发利用的法律制度。在地上权已经明确的前提下，日本国会于2000年先后颁布了"大深度地下空间公共使用特别措施法"和"日本大深度地下公共使用特别措施法施行令"，并自2001年开始实施。

(3)德国

1900年制定的《德国民法典》在明确肯定了土地所有权的范围包括地表、空中及地下的同时，赋予他人无害使用的权利，限制土地所有人的土地所有权，这是德国民法关于空间权的最早立法。

1919年德国通过《有关地上权之命令》，对空间权制度予以完善。

(4)法国

早在1804年法国就在《民法典》中规定："土地所有权并包含该地上空和地下的所有权"。19世纪末20世纪初，法国通过其他方面的立法对此进行了限制。

瑞士、意大利在其各自的《民法典》中，也都对土地所有权标的物、内容范围及限制作了规定，建立了空间权制度。

从上述立法可以看出，世界各国或地区在尊重传统的土地所有权的同时，通过立法或判例将传统的水平式的土地权利转变为垂直式的土地权利，有效提高了土地资源的利用效率，使空间使用权制度日趋完善。

1.5.3 我国对空间权的认识以及现状分析

我国目前空间使用权（建设用地使用权）的性质与土地使用权的性质是相同的。空间建设用地使用权仅以土地的某层空间为标的，而普通建设用地使用权则以土地的整体（包括地面及其全部上空和地下）为标的，两者仅有量上和范围上的区别，而没有本质上的不同。因此，空间使用权（建设用地使用权）不是一种新的用益物权。

近些年，我国城市地下空间开发利用发展比较迅速，并且出现了各种形态的地下空间开发利用。随之也出现了一些问题：

①目前城市地下空间开发的主要是浅层空间或次深层空间（-15m 以上），用作地铁、车库、通道、仓库、地下管道等，尚处于点状、线状开发阶段，分属建设、市政、交通、人防、管线等不同管理部门。由于各自为政，缺乏长远规划和综合协调，相互影响的事例层出不穷。

②分散的点状、线状开发或浅层、次深层地下空间开发的蜂拥而上，带来深层地下空间资源的浪费。同时无序的地下空间开发，将影响地下空间的总体综合开发和利用。

③城市地下空间的产权关系模糊，民用房地产开发可利用的地下空间的深度也没有规定。日本规定房地产所有者拥有地下 40m 深度空间的所有权，40m 以下不得擅自开发利用，而我国原建设部出台的《城市地下空间开发利用管理规定》涉及了地下空间规划、地下工程建设和管理等方面的内容，但没有明确产权归属，也没有涉及对地下空间权的有偿使用，地下工程产权的取得、转让、租赁、抵押等。2016 年，我国住房和城乡建设部出台了《关于印发“城市地下空间开发利用‘十三五’规划”的通知》，就如何合理开发利用城市地下空间，优化城市空间结构和管理格局，从而促进地下空间与城市整体同步发展等方面做出了部署。《规划》以促进城市地下空间科学合理开发利用为总体目标，明确了“十三五”时期的主要任务，提出了保障规划实施的措施，并以此作为指导各地开展地下空间开发利用规划、建设和管理的重要依据。

④地下空间资源的产权关系不明确制约了地下空间开发的主动性。如地下车库、地铁设施、城市广场下的地下街等，由于无法进行不动产登记，导致不能向银行进行抵押贷款。

⑤地下空间工程开发建设具有高风险性，但由于目前地下空间开发建设的需求不同，存在着短期行为现象；建设、设计、施工主体的水平参差不齐，也使得近年来城市地下工程险情层出不穷，发生了多起事故。这都与各地正在兴起的地下空间的大规模开发紧密相关，而随着向地下深层和超深层空间的开发，风险也越来越大。

1.5.4 我国目前空间权立法现状以及发展意见

我国尚没有关于空间权制度，也没有地下空间权制度的专门立法，仅存在相关的单行法及一些地方性法规，这与我国目前对于城市地下空间开发利用的社会需求极不相称。

（1）立法现状

① 1996年10月29日，第八届全国人民代表大会常务委员会第二十二次会议通过了《中华人民共和国防空法》等。

② 1997年10月27日，原建设部颁布了《城市地下空间开发利用管理规定》，为加强对城市地下空间开发利用的管理，合理开发城市地下空间资源提供了法律依据。

③ 2007年3月6日，第十届全国人民代表大会第五次会议通过了《中华人民共和国物权法》，其在第十二章中规定了“建设用地使用权”，而没有采用传统的空间使用权和地上使用权概念。

（2）空间权立法以及管理体制改革分析

尽管近年来我国城市地下空间建设得到了突飞猛进的发展，城市地下空间开发利用取得了令人瞩目的成果，但这些建设成果、发展水平与国外发达国家大城市的网络化、立体化、深层化、综合化、高新科技的地下空间开发利用水平相比，还存在较大差距。据了解，目前仅杭州、郑州等城市有一些地方性法规，对地下空间是否有偿使用、如何开发利用等进行约束规范。

城市地下空间开发利用正面临着空前历史机遇，但也存在各方面的制约因素，我们应共同努力、抓住机遇、迎接挑战，加强对地下空间开发利用的管理，为我国城市可持续发展与和谐社会建设贡献力量。

①根据目前我国城市空间开发需求，可以参照借鉴《中华人民共和国土地管理法》的做法，制定“地下空间资源管理法”，也可以通过修订《中华人民共和国土地管理法》，将地下空间直接纳入《中华人民共和国土地管理法》调整范围。空间使用权以及地下空间使用权在我国还相对比较陌生，希望通过立法程序广泛征求社会意见，也使广大社会公众能够对此有更深入的认识，推动我国地下空间开发利用法律法规的制定和实施。

②城市地下空间的开发必须在规划阶段就树立综合开发合理利用的理念，打破各自为政的状态。应尽快制定“城市地下空间开发利用规划指南”或“规划规范”，制定对地下浅层、次深层（-15m以上）、深层（-15～-30m）和超深层（-30m以下）空间的近期、远期建设规划，解决中长期规划的科学性和合理性。

③有必要制定《城市地下空间建设风险管理守则》等指南类文件，对地下空间开发的风

险分析、风险评价、风险接受标准、风险控制措施等进行规定，对项目立项、规划、勘察、设计、施工、运营等进行全过程控制，以确保地下空间开发利用的安全。

④通过切实的立法以保护地下空间资源，保证地下空间资源开发的可持续性。

对涉及城市地下空间开发利用的一些全局性问题，如城市地下空间的所有权与使用权，开发战略和方针政策，领导和管理体制等，以及对于城市地下空间利用的主要设施，如地铁、地下街、地下停车场等，应进行具有法规约束的全面具体规划。尽快完善《中华人民共和国城乡规划法》《土地利用总体规划管理办法》《中华人民共和国道路交通安全法》等法律法规中与城市地下空间开发有关系的内容。

⑤统一城市规划，统一城市管理机构，保证城市可持续发展。

必须从城市可持续发展的高度来看待地下空间的开发，不能停留在仅仅是人防建设平战结合的阶段。地下工程建设是城市建设的一个重要组成部分，必须理顺和健全管理体制，有效促进城市地下空间建设的统一规划与统一建设，确保城市地下空间的可持续发展。

第2章

城市地下空间开发类型及基本规划原则

2.1 城市地下交通系统

交通是城市功能中最活跃的因素，顺畅和便捷的交通系统给城市发展注入活力，一旦交通阻滞，城市生活就要受到很大影响，城市发展受到很大制约，并因此造成巨大的经济损失。交通发展面临的矛盾的核心是车辆发展与道路交通基础设施严重失衡，导致行车密度过大、行车速度过低以及人流与车流混杂。

这些问题单靠拓宽道路和设置立体交叉是不能完全解决的，采取分流措施才是有效的途径。开发利用地下空间可以从根本上分流交通运行状况，改善城市动态交通和静态交通。因此，地下交通系统是城市交通发展的必由之路。

2.1.1 地下交通系统的概念及分类

所谓地下交通系统，是指相关系列交通设施在地下进行连续建设所形成的地下交通体系和网络。地下交通系统可以从不同角度进行分类，按照功能大致可以划分为地下轨道系统、地下道路系统、地下停车场和地下步行系统。

地下轨道系统包括地铁、轻轨和城市铁路等轨道交通设施，是地下交通最主要的形式。其特点是客运能力强、安全准时，一般地铁的单向最大高峰小时流量能达到3万～6万人次，轻轨的单向最大高峰小时流量也能达到1万～3万人次，相比传统的公共交通，轨道交通系统能有效缓解交通压力。

地下道路系统目前正日益得到广泛重视，原因有二：其一，虽然轨道交通运量大、安全准时，但是不能满足出行的个性化需求，在时间效率和舒适度上都不如小汽车；其二，在立体交通系统中，高架道路会造成大量的环境问题，而地下道路系统能集中处理噪声和尾气等，具有抵御外部灾害的积极特性，并且还不受雨雪、大雾等天气的影响。因此，地下道路成为目前研究和实践的重点。

地下停车场是地下静态交通的主要形式。由于土地资源的限制，地下停车场应该成为城市停车空间的主要方式，这需要建立好地下停车场与地下轨道、地下道路及地下步行系统的联系通道，实现地下停车场与其他交通方式的无缝衔接。

地下步行系统是将多条建于地下，供公共使用的步行道有序组织在一起。地下步行系统可以减少因过多地面道路对周围环境造成的割裂，缩短周围建筑间的运行效率，保证行人的步行安全。在此基础上，条件成熟的区域可以引入商业理念，充分发挥地下步行系统的商业价值，形成具有规模的地下商业街。

2.1.2 地下交通系统规划原则

地下交通系统是一个庞大的系统工程，并且其他地下空间的开发利用在很大程度上要依靠地下交通系统，因此地下空间开发利用规划中，交通系统规划是“龙头”。在进行地下交通系统规划时，应遵循如下原则。

（1）近远结合

从长远考虑，从近期着手。既要从战略角度出发，面向未来，面向现代化；又要从解决城市现有的突出矛盾入手，其中城市交通问题是矛盾的重点。

（2）上下结合

地上与地下结合，形成地面上下贯通的、有机联系的空间体系。地上、地下的统筹兼顾和协调配合，不仅使地下空间之间相连，而且使地上与地下的建筑连通，由单一系统向复合系统发展。

（3）点线结合

形成以中心区大型地下综合体为节点，由网络状快速地下轨道交通线和人防干道相连的地下空间布局体系。

（4）深浅结合

坚持浅层开发与深层开发相结合。开发初期宜以浅层为主，兼顾深层。

（5）平战结合

应形成平时与战时、平时与灾害时功能可以置换的地下空间。

（6）效益结合

应将经济效益与社会效益、环境效益相结合。

2.1.3　国内外地下交通发展概况

地下交通的发展以轨道交通的发展为主要形式。目前我国轨道交通的建设速度已居世界首位，截至 2017 年 12 月 31 日，我国有 32 个城市开通了城市轨道交通，运营线路总长度 4484.2km（未含港澳台地区数据）。2017 年，新增 2 个运营城市，新增 25 条运营线路。[1] 据统计，目前我国城市轨道交通通车里程最长的城市为上海。在建城市轨道交通的城市已超 50 个，常州、洛阳、绍兴等城市都已加入到修建城市轨道交通的大军。

同时许多城市结合地下交通建设、城市改造和新区建设，规划建设了规模巨大、功能综合、体系完整的地下综合体，这些项目规模都在 10 万 m^2 以上，开发层数 3 ～ 4 层，集交通、市政、商业于一体，内部环境优越，形成了无缝的立体综合体。如北京中关村科技园西区、上海人民广场等。

北京中关村科技园西区整个地下空间分为三层，其中地下一、二层为商业、娱乐、餐饮、停车等，面积为 15 万 m^2，机动车停车位 10000 个；地下三层为综合管廊，并设有宽 7.7m、高 3.4m 的环形单向双车道。为了便于与地铁站点联系，还修建了 15m 宽的人行通道。

上海人民广场是上海市的政治、经济、文化、旅游中心，人民广场站是地铁 1、2、8 号线的换乘中心，利用这个换乘中心形成了集地下停车场、地下商场和地下变电站为一体的大型地下综合体。

在国外城市中，日本由于国土狭小（陆地面积约 37.8 万 km^2），城市用地极为有限。为使城市的各项功能能够正常、高效地运转，早在 20 世纪 30 年代，日本政府就着手挖掘城市地下空间资源的潜力，在地铁、地下机动车道路、地下步行街以及地下停车场的建设等方面取得了很多经验。

加拿大每年有半年漫天风雪，气温为 −30 ～ −20℃，因此地下空间的开发利用对加拿大来说非常重要。各城市地下空间大多都与地铁工程同步开发，使地下交通和人防设施结合在一起。加拿大的蒙特利尔市拥有全世界最大的地下交通网络，从地铁站延伸出的无数通道将地铁、郊区铁路、公共汽车线路、地下步行道与大量的混合型开发区域联结为一个庞大的网络。

总之，地下空间是未来城市开发利用的重点，地下交通系统作为地下空间开发利用的重要组成部分，在地下空间开发利用中意义重大。在城市核心区打造城市地下交通系统，能够

---

[1] 数据来源：中华人民共和国交通运输部 . 2017 年交通运输行业发展统计公报 .

优化城市路网，改善城市交通状况和生活环境，提升城市经济活力，实现城市社会、经济和环境的可持续发展。

2.2 城市地下停车场

2.2.1 基本概念

地下停车场是指建筑在地下，用来停放各种大小机动车辆的建筑物，也称地下（停）车库，在国外一般称为停车场。

城市地下停车场宜布置在城市中心区或其他交通繁忙和车辆集中的广场、街道下，使其对改善城市交通起积极作用。

2.2.2 地下停车场的形式与规划原则

（1）地下停车场的分类、形式及特点

地下停车场的分类见表 2-1。

地下停车场的分类 表 2-1

根据建筑形式	根据使用性质	根据运输方式	根据地质性质
单建式地下停车场	公共停车场	坡道式地下停车场	土层中地下停车场
附建式地下停车场	专用停车场	机械式地下停车场	岩层中地下停车场

①单建式地下停车场和附建式地下停车场。

单建式地下停车场（图 2-1）一般建于城市广场、公园、道路、绿地或空地之下，主要特点是不论其规模大小，对地面上的城市空间和建筑物基本上没有影响，只设有少量出入口和通风口，顶部覆土后可以为城市保留开敞空间。

附建式地下停车场（图 2-2）是在一些大型公共建筑需要就近兴建专用停车场，而附近又没有足够的空地建设单建式停车场时，利用地面高层建筑及其裙房的地下室布置的地下专用停车场。

②公共地下停车场和专用地下停车场。

公共地下停车场的需要量大，分布面广，一般以停放大小客车为主，是城市停车设施的主体。

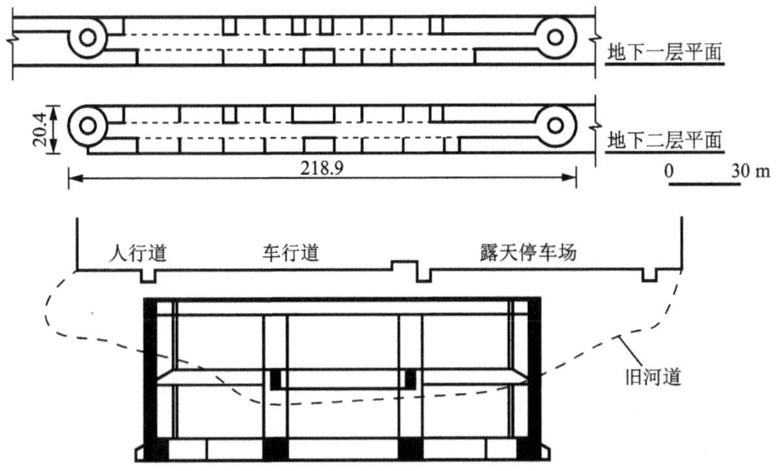

图 2-1　日本大阪市利用旧河道建造的单建式地下停车场（尺寸单位：m）

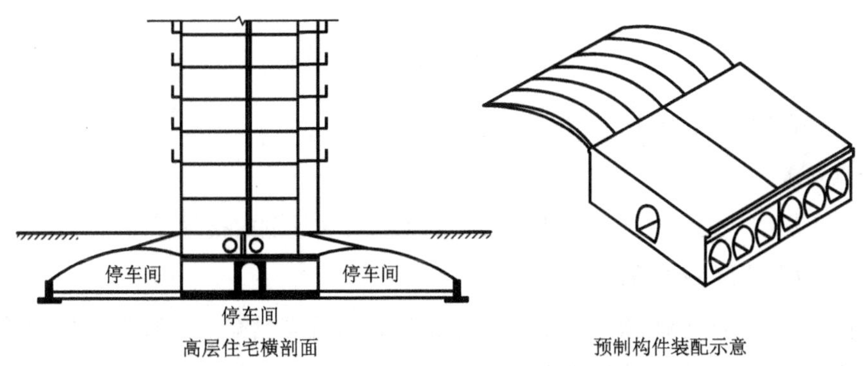

图 2-2　附建在高层住宅楼的装配式地下停车场（苏联）

专用地下停车场以停放载货汽车为主，还包括其他特殊用途的车辆，如消防车、救护车等。

③坡道式地下停车场和机械式地下停车场。

坡道式地下停车场和机械式地下停车场的比较见表 2-2。

坡道式地下停车场和机械式地下停车场比较　　表 2-2

性质	坡道式地下停车场	机械式地下停车场
优点	（1）造价低，运行成本低； （2）可以保证必要的进出车速度，且不受机电设备运行状态影响（平均进出车时间为 6s/ 辆）	（1）停车场面积利用率高； （2）通风消防容易，安全； （3）人员少，管理方便
缺点	（1）用于交通运输使用的面积占整个车辆面积的比重较大（两者之比接近于 0.9：1）； （2）通风量较大，管理人数较多	（1）一次性投资大，运营费高； （2）进出车效率低（>90s/ 辆），时间长

④土层中地下停车场和岩层中地下停车场。

即分别将停车场建在土层中和岩层中的地下停车场。岩层中地下停车场如图 2-3 所示。

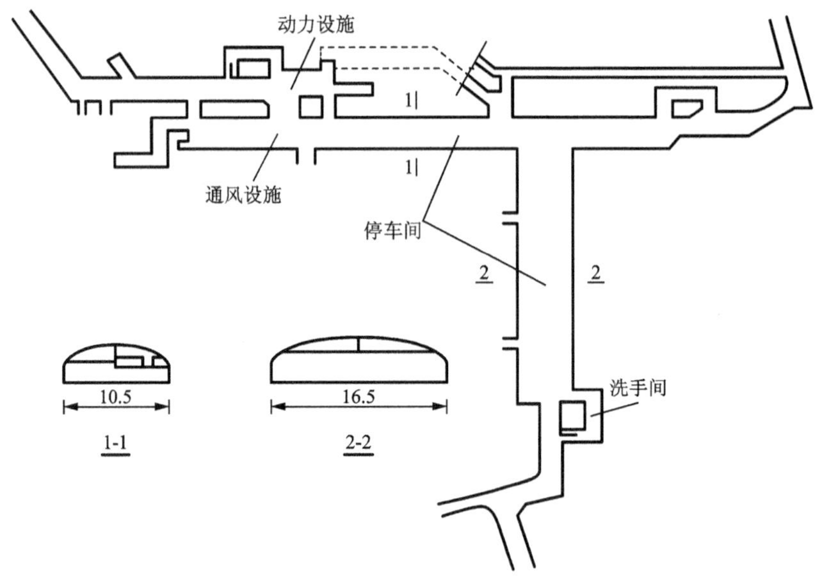

图 2-3 岩层中地下停车场(芬兰)(尺寸单位:m)

(2)地下停车场规划原则

①选点要求。

地下停车场的规划设计应在城市建设人防工程总体规划的指导下进行,宜选在水文、工程地质条件较好,道路畅通的位置。

多层停车场进出车辆频繁,是消防重点部门之一,且其具有一定噪声,须按现行防火规范与周围建筑保持一定的消防距离和卫生间距,尤其不宜靠近医院、学校、住宅建筑。

寒冷地区停车场门应避免朝北或正对冬季主导风向;并且门口应有足够的露天场地作为停车、调车、洗车等用。

地下停车场一般应做到平时和战时均能使用,地下车库选点应与人防工程结合,在设计上应考虑两个出入口,但存放量少于 25 辆的停车场可设一个出入口。

②建筑技术要求。

使用面积:停放小客车,平均每辆车的使用面积需按 20 ~ 40m^2 设计;停放载货汽车,平均每辆车的使用面积需按 40 ~ 70m^2 设计。

停车场楼板面层要具有耐磨、耐火、耐油和防滑性能。

地下停车场一般不考虑采暖。必须考虑采暖的停车场应尽量采用集中采暖或火墙,但其炉门、节风门、除灰门严禁设在停车场内。

停车场换气量以一氧化碳量作为计算依据,通风系统应独立设置,风管应采用非燃性材料做成。

除一般照明外,还应设事故照明和疏散标志。

2.2.3　地下停车场的技术标准与设计

1）主要技术标准

（1）地下停车场组成

地下停车场大体由下列建筑物组成：停车间、通道、坡道或机械提升间、调车场地、洗车设备等，每种设施的数目要因地制宜，辅助设施与停车间要分开安排，尽量少影响停车场作业。

（2）地下停车场平面布置

地下停车场平面布置可按下列原则考虑：地下公共车库的使用面积按平均每辆车 20 ～ 40m^2 估算，辅助设备面积可按停车间的 10% ～ 25% 估算。坡道面积在总建筑面积中的比例，视车库容量而定。停车间在总建筑面积中所占的比例，应达到一定值，对于专用车库占 65% ～ 75% 比较合适，对公共车库以占 75% ～ 85% 为宜。要充分考虑车辆车型、车辆尺寸、车辆存放方式和停驶方式。

（3）出入口布置与要求

出入口的数量和位置应满足《人民防空工程设计规范》（GB 50225—2005）、《汽车库、修车库、停车场设计防火规范》（GB 50067—2014）以及城市建设中的相关规范等有关规定。

（4）停车间的柱网选择

一般以停放一辆车平均需要的建筑面积作为判断柱网是否合理的综合指标。柱网还应满足以下几点基本要求：

①适应一定数量的存放方式、停驶方式和行车通道布置的各种技术要求，并保留一定的灵活性。

②保证足够的安全距离，使车辆行驶通畅，避免碰撞和遮挡。

③尽可能缩小停车位所需面积以外的不能充分利用的面积。

④结构合理，经济，施工简单。

⑤尽可能减少柱网种类，统一柱网尺寸，并应保持与其他部分柱网的协调一致。

2）地下停车场线路设计

（1）通道设计

①通道设计速度。确定通道设计车速时主要考虑两个因素：

a. 服务功能：地下停车联系通道以服务区域内的静交通、沟通地下停车场为主，同时具备一定的地下交通道路功能。停车场为交通末端，为保证停车安全，国内基本采用 5km/h 的限速；根据《城市道路工程设计规范》（CJJ 37—2012）规定，城市支路限速为 20 ～

40km/h。

b. 交通环境：地下通道有别于地面道路，车辆在封闭空间内行驶，驾驶员视距有限，通道出入口、转角及与停车场衔接处交通环境较差，易发生交通事故。

为保证通道内行车顺畅，提高车辆通过停车联系通道进入停车场的效率，避免出现高峰期出入口排队等现象发生，通道内设计车速应适当高于停车场内限速，同时为保证地下行车安全，综合考虑通道服务功能和交通环境因素，建议通道一般路段设计车速取 20km/h，特殊路段限速 10km/h。

②通道高度的确定。地下通道高度的确定影响因素较多，总体可归结为外部控制条件与内部控制条件。

a. 外部控制条件。

(a)地下停车场高程：通道主要功能为沟通地块内各地下停车场，因此停车场高程对通道高度确定尤为重要。一般通道设置于地块内部道路下方，与地下停车场距离较近，为避免停车联系通道与车库间连接通道坡度过大，两者高程应尽量一致。

(b)地下通道抗浮要求：在高地下水位地区建设地下通道需考虑结构抗浮问题，处理不当易发生结构上浮事故。为减少采用各类结构抗浮措施带来的经济或功能使用问题，首选以增加地下通道覆土高度解决抗浮问题。

(c)地下管线敷设要求：为保证区域地块的完整性，地下停车联系通道一般布置于地块内部道路红线范围内，需与道路下各类管线共用地下空间，确定通道高度时需保证结构埋深能满足各类管线的敷设要求。

b. 内部控制条件。

(a)行车净高：城市地下停车场内车辆主要以微型车和小型车为主，通道内行车净高以不低于停车场内车辆限高为前提，适当考虑行车舒适性及包容性设计要求，建议通道内行车净高取 2.8 ~ 3.2m。

(b)设备安装空间：通道顶部主要安装有风道（机）、情报板、喷淋等运营设备，通道断面设计时需考虑设备安装高度，其中风道（机）与情报板高度为主要控制因素，顶部预留 1.5m 设备空间。

(2)坡道设计

①坡道的数量。

坡道的数量与进出车数量、速度和安全要求，车辆在库内水平行驶的长度，出入口位置及数量等有关。

②纵坡坡度。

随着国内外汽车质量的提高，可适当加大以往设计中使用的纵坡坡度。如国家某部委办公楼修建的地下停车库，其坡道纵坡坡度在出入口坡道直线部分不大于 15%，曲线部分不大于 12%。

3）地下停车库的辅助设施

地下停车库辅助设施主要有：防火、灭火设施及报警装置、排水设施、充电设施、修理设施、加油设施、坡道口部位的轻型防雨构筑物、洗车设施等。

2.3　城市地下商场

地下空间的开发利用，不仅扩大城市容量，而且在解决城市化所带来的交通、环境、生态等问题方面也有着一定的优势和潜力。地下商业建筑是城市地下空间开发的重要组成部分，是人们使用频率最高的地下公共活动场所。它不仅改善城市环境，缓解城市交通，同时作为地面建筑功能上很重要的补充，为人们提供了更为广泛的购物、休闲、娱乐场所，丰富了城市生活空间。

2.3.1　国外城市地下商业商场的发展

地下商业空间在很多国家都有了长时间的大规模发展，比如日本、美国、法国、挪威、加拿大等。由于地理原因、社会原因和经济方面的差异，这些国家发展地下商业建筑模式和方法不尽相同。其中，以日本的地下街和欧美的地下综合体最有特点。

日本从 20 世纪 30 年代起就开始了地下街的建设。最初，这些地下街只存在于地铁车站内，它们的公共空间与地铁通道也是共用的。在 1955—1973 年的经济发展时期，地下街开始大量出现。它们大多还是依附于主要的地下交通节点，但同时，它们的规模较以往大大增加了，也有了更多的公共空间，甚至出现了自身的商业节点。虹地下街就建于这一时期，它位于大阪市市中心，几乎是当时日本规模最大的地下街。

在 1973 年以后，由于经济的原因，日本决定限制地下街的发展，并对地下街的防火规范做了更为严格的规定。因此在这一时期建成的地下商业街较少，但规模越来越大，质量越来越高。由于防火规范的改变，地下商业公共空间占整个空间的比例较以往有了很大增加，对公共空间的处理和设计也更为多样。

长堀地下街就是这一时期建造的少数地下街之一。长堀地下街共分为四层，包括地下商业街、地下停车库和换乘系统，连接了四个地铁车站。在地下一层的商业街部分，设计者在顶面上设置了八个波浪形天窗。这八个波浪形天窗不仅将自然光引入地下空间,其起伏的形态也方便了地面连廊的架设。再加上玻璃顶面上水体不断流淌,人们走在地下街中,就能移步换景,不容易感到枯燥。

相较于日本将地下商场与地下交通纽带结合发展的模式,欧美各国则是将地下综合体作为区域性立体化开发的一个部分加以考虑。它们多为地区性的地下综合体,规模较大,功能也很全面。如加拿大蒙特利尔地下城就是一个区域性的综合体,它通往一个长途汽车站、一个规模巨大的停车场和两个火车站,还将面对圣劳伦河和皇家山的各种市区建筑从地下连通起来。这里容纳了饭馆、酒店、商店、电影院、剧院、大型展览和艺术长廊等,人们几乎不需要出去就能满足所有的需求。地下城的公共空间也有相当的规模,并与城市的公共空间有很多相似之处:街道里摆有各种花草植物;树木之间安置有各种小品座椅,供游人、顾客休息和交往娱乐。

2.3.2 我国城市地下商业商场的发展

我国的地下商业空间发展起步较晚,最早始于1970年。最初是由于大城市的百货商场需要扩大营业面积,因此对地下部分予以开发。这些地下商场的经济效益主要是通过依附于地面商场而得到保证的。

到20世纪80年代,出于宣传产品的目的,商家开始在地下过街通道的两侧放置广告牌。最初这仅仅起到宣传的作用,并没有商品交易。但当后来通道墙壁上增加了展台,就开始有售卖者利用它们出售商品。自从地下通道空间中出现了商品交易,这个原本阴暗潮湿的单调空间渐渐变得热闹起来。在这之后不久,由于政府号召地方将过去修建的地下人防工程利用起来,地下商场成为改造这些人防工程的第一选择。但这些人防工程由于其原先功能的原因,其室内空间品质往往较差,与城市建设脱节严重。

从20世纪90年代开始,中国的大城市普遍进入了较为繁荣的时期,而与此同时,各种城市矛盾也急剧尖锐化。在这种情况下,这些城市逐步开始主动地利用地下空间,将其作为城市规划的一个重要部分进行开发。随着时间的推移,地下商业空间的品质也有所提高,并逐步往地下综合体方向发展。

近几年来,我国的地下空间利用率较以往已经大大提高,特别是在大城市中,地下综合体依附于地铁得到越来越多的发展,逐渐成为人们生活中非常重要的一部分。但与许多其他国家相比,我国的地下空间的利用尚属于起步阶段,在地下商业建筑的公共空间部分,在空间环境的设计上等方面还需要深入研究。

2.3.3　城市地下商业商场的城市作用

有计划、合理开发地下商业建筑具有许多优点：

（1）有效利用城市空间

城市空间的立体化，改变了原有空间利用的模式，扩大了城市空间容量，有效地增加了土地利用率，开拓了新的国土资源。

（2）改善城市交通

与城市交通设施改造相结合的地下商业建筑，改善了城市交通状况（静态交通、动态交通），吸引地面人流的进入，使人车混杂、车行缓慢的情况得到缓解，尤其是对于地面交通“瓶颈”负荷大的地方。

（3）改善城市生态环境

地下商业建筑的开发利用，使城市的生态环境得到改善，创造适应现代城市生活的人文环境和景观环境，提高城市生活质量。城市地下商业建筑的利用，创造了高密度的综合性空间，利于人际交往，地下人行网络的形成，把人从恶劣的天气中解放出来，增加了地面的开敞空间，减少了城市的环境污染。

（4）城市地下商业建筑的大规模开发，功能上成为地面建筑功能上很重要的补充

随着建筑技术和设备的进步，地下商业建筑环境变得更好，成为上部的延伸，从而改善了城市的内部结构，活化了城市的机能，在地铁等地下交通工具的联系下，成为城市新的富有活力的节点空间。

2.3.4　城市地下商业商场的空间发展模式

城市地下商业空间的开发利用，根据不同条件，大体有两种方式，一种是全面展开，大规模开发；另一种是从点、线、面的再开发做起，逐步完成整体开发。根据我国的具体情况，后一种方式是较为现实可行的，即在有条件的重点城市的重点地带建设一体化地下空间，作为城市上、下空间协调发展的关键协调点，以改善城市交通为主要目的，结合城市更新改造，通过“线”的联结，形成城市立体空间体系。根据建设目的和所在“点”“线”条件不同，城市中心区可能会出现以下几种发展模式。

（1）城市街道型——地下商业街

城市街道型是指在城市路面、交通拥挤的街道及交叉路口，以解决人行过街为主，兼商业、文娱等功能，结合市政道路的改造而建成的中初级一体化地下空间。

城市街道型立体化地下商业空间可减少地面人流，实现人车分离，防止交通事故的发生，对缓解交通拥堵能起到较大的作用，并能有效缩短交通设施与建筑物间的步行距离。地下商业空间对地面商业也是重要的补充。实践证明，地下街的建设均不同程度地促进了所在地区的发展和改造，并取得了较好的经济效益。

我国现有的一些城市地下过街道，功能单一，没有与地面街道的改造和地下空间的综合利用联系起来，以致在某些情况下，可能成为城市再开发的障碍。如北京天安门广场的地下过街道虽然规模很大，长 80m，宽 12m，但缺少规划，以致北京的地铁线在这里不得不增加埋深才能通过，而且由于该过街道功能单一，综合效益不高。

地下街作为立体化地下商业空间的中初级模式，是适合我国国情的一种发展模式，特别对传统商业街保留传统风貌具有特殊意义。北京的王府井地下街是一条长 810m，宽 40m，分为三层的商业街。地下一层为市政综合管廊，地下二层、三层将大街南口的地铁车站与新东安市场的地下商场等连接起来，通道两侧为商场、餐饮、娱乐设施、自动扶梯、下沉式花园，从而形成王府井商业区四通八达的立体交通体系，如此大规模地将商业、交通、市政设施等向地下延伸，在我国还为数不多。

随着城市发展，立体化地下商业空间将会与城市交通网络结合，形成整体空间体系。因此在设计改建的同时，应适当考虑到城市的发展，为将来与地下交通网络体系连接创造条件。

（2）城市中心型——利用城市高层建筑群形式

城市中心型模式是指利用城市中心区高层建筑群地下空间来建设一体化地下商业空间。随着城市的发展，现代高层建筑设计已不满足于原有的“划地为块，各自为政”的高层建筑设计模式，而强调各种功能的内在联系，注重成片改造。城市公共空间和建筑空间相互渗透，城市交通功能深入建筑内部，不再是点到为止，而是穿堂入室，城市中重要公共建筑成为整体公共空间网络中一串串相互串联的活动囊。这对提高城市中心运转效率，创造宜人的城市环境具有较大的积极作用。

城市中心型发展模式在我国高层建筑地下空间利用中已初见端倪。在北京西单北大街西侧的规划中，强调成片改造，结合西单地铁新站共同开发建设。在该项目中，建筑师首次干预介入了建筑红线之外主干道 70m 红线范围的设计，这在国内尚无先例，却是未来城市发展的需要。表明我国城市和建筑设计正在发生根本性的转变，它预示着一种变化方向。

建设城市中心型的立体化地下商业空间是适合城市中心发展和改造的有效方法，将会在越来越多的城市中心再开发中得到利用。在可能条件下，这一发展模式最终将发展成几乎涵盖所有城市中心职能的地下城市中心，且各功能集聚点会相互扩展，构成整体发展，带来“整体之和大于部分之和”的集聚效应，使一体化地下空间更加能动地发挥其职能和功效，取得更大的经济效益和社会效益。

2.4.6 下沉式广场

下沉式广场是地下街常用的手法，出入口可直接在广场内解决。它可以打破地下空间的封闭感，把地下、地面空间及出入口巧妙地联系在一起。

（1）下沉式广场的功能及作用

下沉式广场的功能主要是为人们提供一个相对封闭的休息、娱乐的公共场所，担负地下空间建筑的出入口，避免了地下空间建筑出入口的狭小感觉，给人带来较宽敞的入口门面，类似地面建筑的入口形式。下沉式广场的基本作用为空间过渡，同时也具有供地下空间建筑的人流集散、休闲娱乐与观赏功能。

（2）下沉式广场的类型

下沉式广场可根据地段条件有多种类型，主要有圆形、矩形、不规则形三种，空间过渡可采用楼梯、自动扶梯、台阶、坡道等措施，剖面高度在 5m 左右，一般不伸至地下三层。

（3）下沉式广场设计的特点

①下沉式广场宜布置在城市中心广场、公园等人流集中的地带，通常不与地面交通相交叉。大型的下沉式广场常结合城市广场的地面规划进行，具有较强的环境艺术性。

②下沉式广场的首要功能是地面与地下空间过渡，伴随时间的推移，它的另一功能——休闲娱乐也是十分重要的。

③下沉式广场的建设应相同自然、文化艺术、人的心理与审美、城市人员应急转移相结合。

下沉式广场可设置流水、绿化、水池、喷泉等。一般由室外楼梯或电梯进入，由下沉式广场可进入地下街的出入口。

2.5 城市地下空间规划

2.5.1 城市地下空间规划的基本原则

城市规划的基本原则就是要保证地下空间开发和利用能够可持续发展，具体来说，要做到以下几个方面：

（1）城市地下空间规划应纳入城市总体规划中。

(2)城市地下空间规划应结合现有的地面建筑进行开发。

(3)城市地下空间规划应保护城市的历史原貌。

(4)城市地下空间开发利用应根据发展水平和经济实力分近、中、远期目标规划,分层分阶段开发。

(5)城市地下空间利用应保证地面空间的物理环境,降低能耗。

(6)城市地下空间设计应保证防灾、减灾要求。

2.5.2 城市地下空间的规划内容

基于城市可持续发展的角度考虑,城市地下空间规划的主要内容分为以下方面:

(1)综合考虑城市地下空间利用与地面空间使用的协调,要充分考虑城市现状和新城发展、城市扩容、人口增长的预测等。

(2)综合考虑在城市地下空间开发过程中的城市地下市政工程规划、市政服务网等,例如:给排水、电力、电信、煤气、供热、电视网等。

(3)进行城市地下交通网规划时,所涉及的内容主要体现在地铁、公路、小型交通道和地面高架等城市交通网的协调。

(4)进行城市地下空间的民用工程规划时,主要集中在地下商业、办公娱乐、体育、医疗、与地面的绿地、公园等公共民用空间的协调。

(5)在城市地下工业设施规划方面,由于城市地下工业规划是城市地面工业规划的一种补充,应为完整的城市工业体系,便于扩大再发展等。

(6)城市地下空间规划过程中还要充分考虑城市地下储存系统规划,应按照城市应急需要储存系统进行分类规划,主要有:粮、油、汽车库、水、气、核废料、地热等。

(7)其他方面还有城市地下工程的防灾、防护系统规划等。城市地下防灾系统规划是城市总体规划中的重要部分,也是城市防护系统不可或缺的重要组成,主要包括:预测、预报、监测、警报、防空等工程和系统。

2.5.3 地下街规划原则

地下街具有购物、文化娱乐、人流集散、交通等功能,所以它必须设在人流量大、交通拥挤,也就是所谓繁华地带的地下,这样才可以起到使人流进入地下,改善地面交通拥挤的局面,同时又能满足人们购物或文化娱乐的要求。地下街的防护功能一般是必须考虑的,我国地下街的设计一般都有一定的抗力要求。

（1）应按国家和地方有关城建法规及城市总体规划进行

国家和地方政府颁布的有关法规是建筑工程规划的指导文件，考虑了近、中、远期国家地方、部门发展趋势及利益，规划时必须依照执行。城市总体规划是根据社会对城市的需求而设计的城市发展规划，考虑了城市系统间的相互协调关系等多方面因素。地下街规划应是城市规划的补充，应与城市总体规划相结合。

（2）应考虑人、车流量和交通道路状况

目前的地下街大多是在旧城区改造或在原有地下人防工程的基础上建设的，是由于地面拥挤而开发建设的，因此，地下街建设要研究地面建筑物性质、规模、用途，以及是否有拆除、扩建或新建的可能，同时也要考虑道路及市政设施的中远期规划状况。地下街建设应结合地面建筑的改造、地下市政设施及立交或交叉路的道路交通及人、车流量等因素进行。

（3）应考虑保护其范围内的古物与历史遗迹

古建筑或古物、古树等是历史遗留下来的宝贵财富，应按国家或当地文物保护部门的规定执行。有价值的街道不能用明开挖法建造地下街。

（4）要考虑发展成地下综合体的可能性

由地下街建设的经验可知，地下街的扩建是必然的，如果规划不合理会使地下街变得十分不规整，内部通道系统布置也非常复杂，容易造成灾害隐患，给地下设施管理造成混乱。

2.5.4　地下街规划设计必须要考虑的因素

我国开发地下街从规划开始大多就选择在繁华商业中心或车站广场等地，如上海地下街设在人民广场，哈尔滨地下街设在站前广场和秋林商业中心等，因此要合理解决人、车流划分和车辆存放问题。

（1）地下街规划的主要影响因素

地下街需按街道走向，每隔一定距离设置出入口，在交叉口附近也要设置出入口，规划受地面、地下、环境、道路的多种影响。主要有：

①考虑地面建筑、绿化及交通等设施的布置。

②考虑地面建筑的使用性质、地下管线设施、地面建筑基础类型及地下室的建筑结构因素。

③考虑地面街道的交通流量、公共交通线路、站台设置、主要公共建筑的人流走向、交叉口的人流分布与地下街交通人流的流向设计。

④考虑该地段的防护等级、防灾等级、战略地位，以便规划防灾防护等级。

⑤考虑地下街的多种使用功能（如是否有停车场）与地面建筑使用功能间的关系。

⑥考虑地下街的竖向设计、层数、深度及扩建方向（水平方向的延长，垂直方向的增层）。

⑦考虑与附近公共建筑地下部分及首层的联系，与地铁或其他设施的联系，与地面车站及交叉口之间的联系。

⑧考虑设备之间的布置，水、电、风及各种管线的布置及走向，与地面联系的进排风口形式等。

（2）地下街的规划设计

地下街规划平面类型按地面街道形式分有道路交叉口型、中心广场型、复合型三种。

①道路交叉口型地下街。

道路交叉口型地下街多数处在城市中心区较宽阔的主干道下，平面大多为“一”字形或“十”字形。其特点是地面交叉口处的地下空间也相应设交叉口，并沿街道走向布置，同地面有关建筑设施相连，出入口的设置应与地面主要建筑及交叉口街道相结合，以保证人流的上下。

如图 2-5 所示，重庆市某地下街属于典型的道路交叉口型地下街，全长 723m，总建筑面积 4.8 万 m^2，由地下商业街、地铁、地下食品街、地下娱乐街、地下旅店街组成。

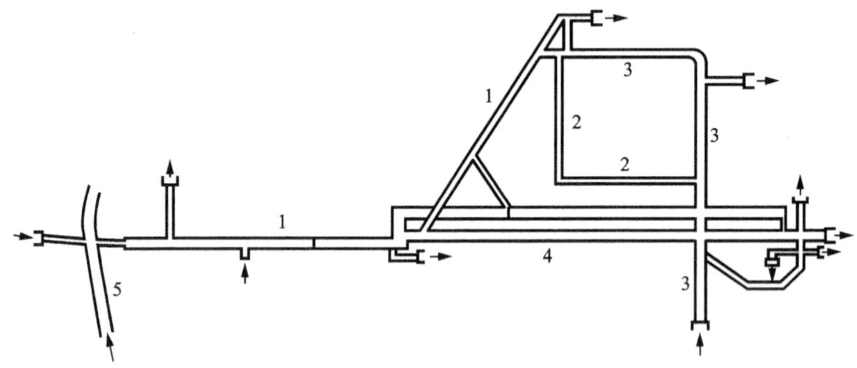

图 2-5 重庆市某地下街

1-地下商业街；2-地下娱乐街；3-地下食品街；4-地下旅店街；5-地铁

②中心广场型地下街。

此种类型地下街通常是城市交通枢纽，如火车站及中心广场地下，若为广场，除与各道路出口相连之外，还可以设下沉式露天广场，供人们休息。此种地下街的地面较开阔，常形成大空间，既便于交通，又能购物和娱乐，同时还具有休息空间。

中心广场型地下街平面规划类型常为矩形，地面客流量大、停车量大，这种地下街常起分流作用，也常与地下车库相连接。如上海市人民广场地下街就有 1 万 m^2 的地下商业街和 4 万 m^2 的地下停车场，并与地铁相通。石家庄市火车站广场结合旧城改造建成了 5.5 万 m^2 地下商业街，使其具备了三个功能：缓解站前交通，解决存车难问题，设置配套商业服务、完善服务设施。

在铁路、码头、客运站等交通流量较大的广场，地下街常具备多种功能，可规划为停车、住宿、步行道、餐厅、商场等。

某些地下街带有娱乐、休息功能。在城市中心广场内设下沉式广场，广场内可具有供人休息、分配人流等功能，从造型上丰富城市广场的空间层次。所谓下沉式广场即在地下设施交汇处设一个公共广场空间，此广场空间为下沉开敞式，阳光可进入广场内，通过室外楼梯与地面相连接。

如图 2-6 为兰州市中心广场的下沉式广场与地下街的规划。

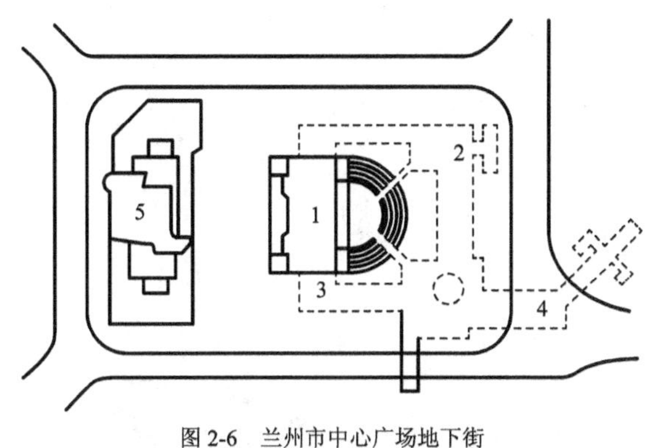

图 2-6　兰州市中心广场地下街

1- 下沉式广场；2- 地下娱乐场；3- 茶室；4- 商场；5- 地下车站

③复合型地下街

复合型地下街是指中心广场型地下街与道路交叉口型地下街的复合。这种地下街常常是分期建造，工程规模较大，需要很长时间才能完成。几个地下街连通成一体的复合型地下街带有“地下城”意义，这样的地下街能在交通上划分人流、车流，同地面建筑相连，与中心广场（含车站广场）相统一，与地面车站、地铁车站、高架桥立体交叉口相通。在使用功能上具有商业、文化娱乐、体育健身、宾馆等多种功能。

复合型地下街基本上以广场为中心，沿道路向外延伸，通过地下通道与地下室相连，因而形成整体地下街。

例如：日本的横滨站地下街，有东口和西口两个地下街。东口、西口两个地下街规划在车站东西两侧，它把立交、铁路出站口、停车场有机联系在一起。名古屋地区的 9 处地下街、17 个大型建筑的地下室和 3 个车站的地下室相连，属于复合型地下街，该街从 1957 年开始建造，到 1976 年才建成。

2.5.5　城市地下空间规划及开发的成功案例

（1）美国波士顿中央大道改造工程

波士顿中央大道建成于 1959 年，为高架 6 车道，它直接穿越城市中心区，当时设计的日运量为 75000 辆机动车。发展到 2010 年，实际运量达到 20 万辆，成为美国最拥挤的城市交通线。每天交通拥堵时间超过 16h，由于时间延误造成的损失每年达到 5 亿美元。

由于波士顿已没有更多的用于开发的城市用地，唯一可行的方案是在中央大道下面建设一条地下快速干道，在波士顿海湾建设一条海底隧道用来联系机场和城市中心，建立一个新的交通系统，完善城市交通，并以此为契机改善城市环境（图 2-7）。

图 2-7 波士顿中央大道改造工程

美国于 21 世纪初完成了世界上投资规模最大、历时最长的波士顿中央大道改造工程。

（2）上海世博会展馆建设

2004 年，上海人均生产总值已达 4900 美元，并且对地下空间的开发利用已积累了一定的经验。到 2010 年，上海建成 400km 的地下轨道交通，后利用 2012 年世博会建设的重大历史机遇，加强了整个城市的地下空间开发。

世博会仅展馆建设占地面积就达 130 万 m^2，各类工程建设总投资超过 20 亿美元，绿化面积达 100 万 m^2。世博会地下公共空间由地下轨道交通枢纽、地下步行通道、地下步行商业街、地下广场、地下配套服务设施以及与公共空间相连的主要场馆的地下开放部分组成，它们共同形成了规模宏大、功能复杂、空间意向性强烈的大尺度、多层次地下综合体。

（3）其他

①法国巴黎罗浮宫的扩建是通过开发利用地下空间，解决城市中心区改造的成功典范。

②美国纽约曼哈顿区的洛克菲勒中心广场也是典型的实例。

第3章 城市轨道交通系统

3.1 城市轨道交通系统的特点

3.1.1 基本概念

城市轨道交通，是指具有固定线路，铺设固定轨道，配备运输车辆及服务设施等的公共交通设施。城市轨道交通是一个包含范围较大的概念，在国际上没有统一的定义。一般而言，广义的城市轨道交通是指以轨道运输方式为主要技术特征，是城市公共客运交通系统中具有中等以上运量的轨道交通系统（有别于道路交通），主要为城市内（有别于城际铁路，但可涵盖郊区及城市圈范围）公共客运服务，是一种在城市公共客运交通中起骨干作用的现代化立体交通系统。

城市轨道交通系统的概念：服务于城市客运交通，通常以电力为动力，在固定轨道上运行的车辆或列车与轨道等各种相关设施的总和。

城市轨道交通具有以下特点：

（1）运营速度高，节省出行时间。轨道交通系统是在与其他交通系统隔离的情况下运行的，具有专用行车道的全封闭或半封闭的交通系统，不易受其他交通系统的干扰和影响。其运载工具具有较高的加减速度，能在较短的时间内达到最高速度，有利于提高其平均速度。该系统具有较高技术水平，能实现高密度运转，列车运行间隔时间短，降低候车时间。因此，轨道交通系统的运营速度通常是常规道路交通的 1 ～ 2 倍，能节省大量的出行时间。由于轨道交通系统具有良好的运行秩序，可以按运行时刻运行，能实现快速、准时运行。

（2）运输能力较大。轨道交通与常规道路交通系统不同的是其运载工具可以编组运行，多的可以 10 ～ 12 辆编组，而且由于轨道交通系统采用先进信号装置，可以采用较短列车间隔时间。因此，轨道交通系统的运输能力较大，能满足大城市通勤、通学方面大客流量的需要。由于列车编组辆数及行车间隔可以根据需要调整，不但能满足高峰期大客流量需要，也能适应平峰期较小客流量需要，满足城市近期和远期发展需要，使系统能经济运行。

（3）安全、舒适性较高。城市轨道交通系统是具有专用行车道的全封闭或半封闭的交通系统，能为乘客提供更为安全的乘车条件，比其他交通工具的安全率更高，有利于减少公共交通事故次数和伤亡人数。城市轨道交通系统在线路、轨道及车辆方面采取减少冲击、降低震动等新技术，运行平稳，改善了乘车条件。轨道交通系统车辆较宽敞，总体设计中座席占总载客量的比重较大。为使乘客较快上下车，以提高运行速度，车辆设有较宽敞的车门。车站站台设计为高站台，跨步上车，加快上下车的速度。

（4）对环境影响小。轨道交通系统采用电气牵引，没有空气污染，噪声也较小。同时，由于该系统载客多，减少了汽车交通量，使城市中汽车排放的废气量和噪声降低，有利于改善环境。

3.1.2 城市轨道交通系统的分类

城市轨道交通种类繁多，技术指标差异较大，世界各国评价标准不一，并无严格的分类。由于城市轨道交通在世界范围内发展较快，地区、国家、城市的不同，服务对象的不同等，使城市轨道交通发展成为多种类型。根据不同的分类标准，有以下常见的分类：

（1）按运送能力划分，可分为高运量、中运量和低运量。

（2）按导向方式划分，可分为轮轨导向和导向轮导向。

（3）按线路架设方式划分，可分为地下铁路、高架铁路和地面铁路。

（4）按轨道材料划分，可分为钢轮钢轨系统和胶轮钢筋混凝土系统。

（5）按牵引方式划分，可分为旋转式直流电机牵引、旋转式交流电机牵引和直线电机牵引。

（6）按运营组织方式划分，可分为传统城市轨道交通、区域快速轨道交通和城市（市郊）铁路。

（7）按运能范围、车辆类型及主要技术特征划分，可分为有轨电车、轻轨系统、单轨系统、市郊铁路、地铁、磁悬浮交通等。

3.2　不同城市轨道交通系统的技术特征

3.2.1　有轨电车

有轨电车指利用街道上的轨道运行的电力车辆或列车系统。

其优点为造价低，建设容易；缺点为所受干扰多，速度慢，通行能力低，平交道口多，极易与地面道路车辆冲突，引起道路交通堵塞。

发展现状：已经比较少见，多数被改良为轻轨系统。

3.2.2　轻轨系统

轻轨系统交通车辆轴重较轻，施加在轨道上的荷载相对于市郊铁路或地铁的荷载来说比较轻，故称为轻轨。它是一种介于有轨电车和地铁之间的中运量的轨道交通工具。

欧洲与北美对地铁的投资热潮到20世纪80年代后让位于轻轨系统。电气化的轻轨系统有许多优于地铁和市郊铁路的地方。线路工程量小，车辆轻，可以在更大的坡道上、更小的曲线上行驶，且造价低廉。轻轨要求有至少40%的轨道与道路完全隔离，以避免拥挤。这使得它与有轨电车不同。如伦敦的Dockland（道克兰）轻轨是全隔离；曼彻斯特的Metrolink（图3-1)是部分隔离。

图3-1　英国曼彻斯特的Metrolink

轻轨系统主要有三种类型：第一种是从有轨电车改造而成，如德国的斯图加特轻轨；第二种是作为一个独立系统开发而新建的系统，如英国的 Dockland（道克兰）轻轨；第三种是利用原有旧铁路线路修建的比较经济的系统，如英国曼彻斯特的 Metrolink 轻轨（图 3-2）。

图 3-2　Metrolink 列车在车站

轻轨系统修建周期短，工程投资少，运营成本低，是一种较好的中运量轨道交通。

3.2.3　单轨系统

单轨系统（图 3-3、图 3-4）又称独轨系统，可分为跨座式和悬挂式两种。一般使用道路上部空间，需要的专用空间较少，可以适应急弯及大坡度，其投资小于地铁系统，单轨系统车辆一般均采用橡胶轮胎。

图 3-3　多特蒙德大学悬挂式单轨系统

图 3-4　重庆跨座式单轨系统

日本 1964 年在东京建成了一条长 13km 的跨座式单轨系统，即东京的滨松町—羽田机场间单轨系统；1970 年又开通了大船—湘南江之岛间的悬挂式单轨系统。

单轨系统特点如下所述。

①优点：占地小、投资费用少、噪声低、振动小、乘坐舒适、对城市的景观及日照等影响小、通过小半径曲线能力和爬坡能力强。

②缺点：运能较小、速度低、能耗大、道岔等结构复杂、发生事故时疏散和救援工作比较困难。

③主要技术特征：轨道采用混凝土道床、车辆采用橡胶轮胎，有一组导向轮引导车辆运行，列车运行自动控制，可实现无人驾驶，自动化程度较高和较早的单轨是日本 1981 年开通的两条线路：一是神户新交通公司开通的三宫—中公园线路，全长 6.4km；二是大阪市住之江公园—中埠头间的 6.6km 线路。目前这两条线路均采用无人驾驶的 ATO（列车自动运行）系统，运营速度 22 ～ 27km/h，最大速度达到 60km/h；高峰期最小间隔达到了 3min 左右。

3.2.4　地铁

地铁轴重相对较重，单方向输送能力在 3 万人次 /h 以上，有地下、地面和高架三种形式。

（1）地铁的特点

一般线路全封闭，在市中心区全部或大部分位于地下隧道内，因而可实现信号控制的自动化。地铁站间距在 0.5 ～ 1.0km（市中心）之间，在郊区可达 2km 左右。

优点：容量大、速度快、安全、准时、舒适、运输成本低、节省能源、不污染环境、不占城市用地。

缺点：建设成本高、周期长、见效慢。适用于出行距离较长、客运量需求大的城市中心区域。

（2）地铁分类

①重型地铁：即传统的普通地铁，轨道基本采用干线铁路技术标准，运量最大。

②轻型地铁：是一种在轻轨线路、车辆等技术设备工艺基础上发展起来的地铁类型，运量较大。

③微型地铁：又称线性地铁、小断面地铁，隧道断面、车辆轮径和电动机尺寸均小于普通地铁，运量中等，行车自动化程度较高。

微型地铁的特点是断面较一般地铁要小，可降低建设成本（投资为一般地铁的 60% ～ 80%）。此外，它的车身矮、质量轻、噪声低，可以采用较小的曲线半径和较大的坡道，也可采用高架，维护较容易。其运营能力略低于一般地铁系统，运营成本与一般地铁相当。目前在日本已有几条微型地铁线路建成投产。

3.2.5 市郊铁路

市郊铁路主要沟通城市中心与市郊、市郊与市郊，它与城市间的长距离铁路相同。由于其服务于人口密度相对稀疏的郊区，站间距比较大，故列车的运行速度较高（图 3-5）。

图 3-5 伦敦市郊铁路

目前城市间高速铁路的商业速度已达到 250km/h 以上，一般地，市郊铁路的最高速度可以达到 100km/h 以上。市郊铁路主要为通勤者提供运输服务，故有时也称通勤铁路（Commuter Rail）或地区铁路（Regional Rail）。伦敦市郊铁路如图 3-5 所示。

3.2.6 磁悬浮铁路

磁悬浮铁路是利用电磁系统产生的吸引力或排斥力将车辆托起，使之悬浮于线路上，其利用电磁力导向，使用直线电机将电能直接转换成推进力，推动列车前进。

与传统的铁路相比，磁悬浮铁路去除了轮轨接触，因而无刚体直接摩擦阻力，可获得比一般高速铁路更高的速度，目前试验速度已达 500km/h 以上；无机械振动与噪声；无环境污染；可获得高舒适度和平稳性；由于没有钢轨、车轮、机械传动和接触导电轨等摩擦部件，维修费用大为降低。

由于磁悬浮列车运行中所需电功率主要用来克服空气动力学阻力，其人公里能耗为一般高速列车的 21.4% ～ 64.3%，另外，磁悬浮列车还具有爬坡、越障能力强，更有利于实现全自动化控制等优点。所以，磁悬浮铁路将成为未来客运交通中最具竞争力的一种交通工具。

1981 年英国伯明翰机场到火车站的第一条磁悬浮线开通。1986 年德国 M-Bahn 磁悬浮试验线投入运营。日本的 HSST 系列磁悬浮列车的开发，以德、美、日等所研制的试验样车为先导，实用的磁悬浮列车正在进入国际市场。

我国第一辆磁悬浮列车（买自德国）于 2003 年 1 月开始在上海磁浮线运行。2015 年 10 月，我国首条具有完全自主知识产权的中低速磁悬浮商业运营示范线——长沙磁浮线成功试跑。2016 年 5 月 6 日，长沙磁浮线开通试运营。该线路也是世界上最长的中低速磁浮运营线。2017 年 12 月 30 日，我国第二条中低速磁行交通线——北京磁浮线开通线运营。2018 年 6 月，我国首列商用磁浮 2.0 版列车在中车株洲电力机车有限公司下线。

各城市轨道交通方式的比较见表 3-1。

城市轨道交通方式的比较　　表 3-1

项　目		有轨电车	轻轨铁路	市郊铁路	地　铁
城市规模	城市人口	20 万～ 50 万	10 万～ 100 万	50 万以上	100 万以上
	商业区雇员	2 万以上	2 万以上	4 万以上	8 万以上
线路特点	CBD 线路长度	10km 以下	20km 以下	40km 以下	24km 以下
	轨道	在街道	至少 40% 隔离	分离	分离
	CBD 可达性	地面	地面或地下	地面到 CBD 边缘	地下
	郊区站距	350m	1km	1 ～ 3km	2km
	CBD 站距	250m	300m	—	0.5 ～ 1km
	最大坡度	10%	8%	3%	3% ～ 4%
	最小半径	15 ～ 25m	25m	200m	300m
	工程量	最小	轻	中等	重
机车车辆	车辆质量	16t	20t 以下	46t	33t
	车辆编组数	1 或 2	2 或 4	至多 12	至多 8
	车辆能力	50 座 75 站	40 座 60 站	60 座 120 站	50 座 150 站
	车辆可达性	步行	步行或站台	站台	站台
运行指标	供电电流	DC500 ～ 750V	DC600 ～ 750V	DC600V ～ 1.5kV 或 25kV	DC750V 或 DC1500V
	供电方式	顶上	顶上	顶上或三轨	顶上或三轨
	平均速度	10 ～ 20km/h	30 ～ 40km/h	45 ～ 60km/h	30 ～ 40km/h
	最大速度	50 ～ 70km/h	80km/h	120km/h	80km/h
	一般高峰间隔	2min	4min	3min	2 ～ 5min
	最大小时流量	15000 辆	20000 辆	60000 辆	30000 辆

3.3　城市轨道交通规划与设计

3.3.1　规划内容和深度要求

（1）规划内容

规划研究内容可分为以下几个部分：

①根据城市总体规划、都市区总体规划、城市综合交通规划、都市区综合交通规划及其他相关规划、城市人口增长情况，利用科学手段预测城市客运交通的需求。

②对上版线网规划和在建线路进行分析总结和进一步梳理，结合国内外轨道交通发展过程中出现的问题，指出其不足，力争在本次线网规划能有所弥补。

③依据其他相关规划调整和城市发展情况，对线网构架进行进一步分析。

④根据上述几个方面的研究，及“面—点—线”的梳理，结合城市规划条件，研究确定线网。以此为基础，拓展形成远景线网。

⑤线网主要站点及其车辆段的选址、规模方案，为城市用地控制提供规划依据等。

⑥相关的协调规划，用地规划和协调、交通衔接及景观协调等内容。

（2）规划深度

近期规划研究为控制规划，其要求为：

①结合城市规划和运输需求，拟订投资少、见效快的远期线网基本框架方案。

②拟订各条规划线路的基本走向、功能、线路敷设形式、站段分布。

③拟订主要站点换乘方式，车辆段的功能与规模，联络线分布等。

（3）远景规划研究为概念性规划

其要求为：

①结合城市远景发展战略，展望城市交通发展趋势。

②拟订城市轨道交通网的总体框架方案。

③初步拟订各条线路的功能定位、线路走向、站点分布、线路敷设方式。

④初步拟订各线路、主要站点的功能、规模。

3.3.2 规划设计需注意问题

（1）整体规划要与城市发展规划相匹配

城市轨道交通系统规划是城市发展总体规划的重要组成部分。因此，必须要与城市本身的发展情况相结合，与城市的经济目标相配合。地下铁道的建设还要考虑到线路沿线的地质情况与城市环境。既要节省投资、降低运营成本，又要便于乘客的出行。

（2）规划要满足城市主干客流的需要

城市轨道交通系统规划线网规划要充分利用城市的土地形态、人口与商业分布特征，使轨道交通最大限度地分担城市交通大部分的客流。要以最短的线路连接城市的交通枢纽、商贸中心和城市生活区等客流集散量巨大的场所。此外，单条地铁线路不宜过长。由于一般的客流分布呈枣核形状，影响轨道交通的效率。这需要仔细、合理的规划来解决。

（3）城市轨道交通系统规划要系统协调

要布置合理的轨道交通建设网，就要合理的建造换乘枢纽，缩短乘客的行走距离并避免人流交叉。要将规划的轨道交通系统作为一个城市的景观而存在，要将城市的文化传统融入车站的建设当中，与城市景观、城市环境相协调。

（4）多种城市轨道交通方式协调发展

分析各种轨道交通的特点，取其利弊，要做到“宜地铁，就地铁；宜轻轨，则轻轨”。不能把目光只局限于某一种轨道交通方式。对于大型或特大型城市的中心城区，应优先考虑发展地铁交通的地下线路。对于客流量相对较小、修建地铁不经济的城市，宜转向轻轨交通系统。轻轨系统还特别适用于坡道较大或市区弯曲的大中型城市。充分发挥各种轨道交通的优点，让各种轨道交通得到有机的协调发展。

（5）轨道交通与地面公共运输的一体化

轨道交通已经为世界上许多大城市承担了较大比例的客运量。而在国内，它所承担的公共客运量比例还较小，但据已有轨道交通的城市线网长期规划，其公共客运量的分担比例会达到一半以上。由此，城市轨道交通与地面交运的客运一体化是城市客运合理化的关键环节。客运一体化就是综合各种公共交通设施与资源，综合分析利弊，达到统一规划，充分利用城市自身资源，实现客运交通捷运化的需要。

3.3.3　线网规划基本原则和方法

线网规划是城市总体规划编制过程中（或完成之后），土地控制详细规划开展之前，城市交通体系中的专项规划。线网规划是城市轨道交通长远发展的总体设计，是建设规划的重要依据，应具备科学性、稳定性和前瞻性。对于线网构架研究，应具备严密的分析推导过程和科学明确的规划结论，对于实施规划，应具备“可实施性”，既保证线网在工程、运营、经济等方面切实可行，关键位置要进行详细的土地规划，又要为下阶段详细土地控制规划和工程设计提供翔实、全面的规划要点。

（1）基本原则

①线网规划建设要坚持以人为本、贯彻科学发展观。

②线网规划要本着安全、节约、环保的原则，尽量做到各类场站设施、设备的网络化资源共享，节约能源、资源和土地。

③线路的敷设方式也应充分考虑沿线的旅游、风景、水源等环境保护要素，最大限度地保护环境和文物古迹。

④线网规划应研究全市域范围内轨道交通的网络布局、功能定位和总体安排。在城镇

密集地区，考虑与相邻城市轨道交通系统的衔接和协调。

⑤规划年限应包含远期和远景，远景线网应基本达到远期线网研究深度，并与之相协调。

（2）规划方法和技术路线

线网规划全过程大致可分为三大部分，即基础研究、线网构架研究和可实施性研究。

①基础研究。又称为规划背景研究，顾名思义就是对线网规划的前提条件、影响因素、背景环境进行研究。主要内容包括城市自然、规划、政策等。通过归纳总结这些规律性的城市特征，提出指导线网规划的原则和要点，并对城市线网的规模、线网评价体系进行专题研究。同时，对国内外有关线网规划的经验进行研究也是非常必要的。

②线网构架研究。是线网规划的核心部分，主要是方案构思、交通模型测试和方案评价三个工序的循环过程，其目的是推荐优化的线网方案。受多种不确定因素的影响，定性分析和定量分析都是必不可少的。在这个过程中，过分依靠定性分析容易造成主观臆断。过分依赖模型又容易受模型成熟程度和可靠性的影响造成宏观失控。整个过程是一个模糊的决策过程，是规划师和模型师的密切合作的过程。

③规划可实施性研究。是线网可行性的保证。城市轨道交通系统专业性很强，线网是否可行受很多工程和经济条件的限制，往往一个条件不满足就影响整个系统建设的可行性，因此，必须以方案规划的形式提出具体的安排。这部分研究主要针对影响线网可行性的几个主要专项，包括：车场设置、线路走向、线路敷设方式、主要车站分布、换乘站分布和形式、联络线分布、运营、与城市其他交通衔接、用地保障等。由于规划可实施性研究是保证线网可行性的重要因素，因此这部分研究与前面方案构架研究是一个循环过程。

3.3.4　城市轨道交通线网形态

近年来，城市轨道交通发展迅速，越来越多的城市开始规划轨道交通线网，每个城市根据城市自身已有的城市布局及地下空间情况采用合理优化的地铁网形态至关重要。

将城市地铁交通线网形态进行抽象、归纳，共 18 种线网形态，其中最常见、最基本的线网形态是放射状路网、环状路网、条带形路网、棋盘式路网、综合性路网五类。

（1）放射状的路网

以城市中心向四周辐射，一般城市中心非常集中，如伦敦地铁网（图 3-6）。

（2）环状路网

沿繁华街区环向布置，客流集中在环状的街区，较少见，如英国的格拉斯哥地铁网。

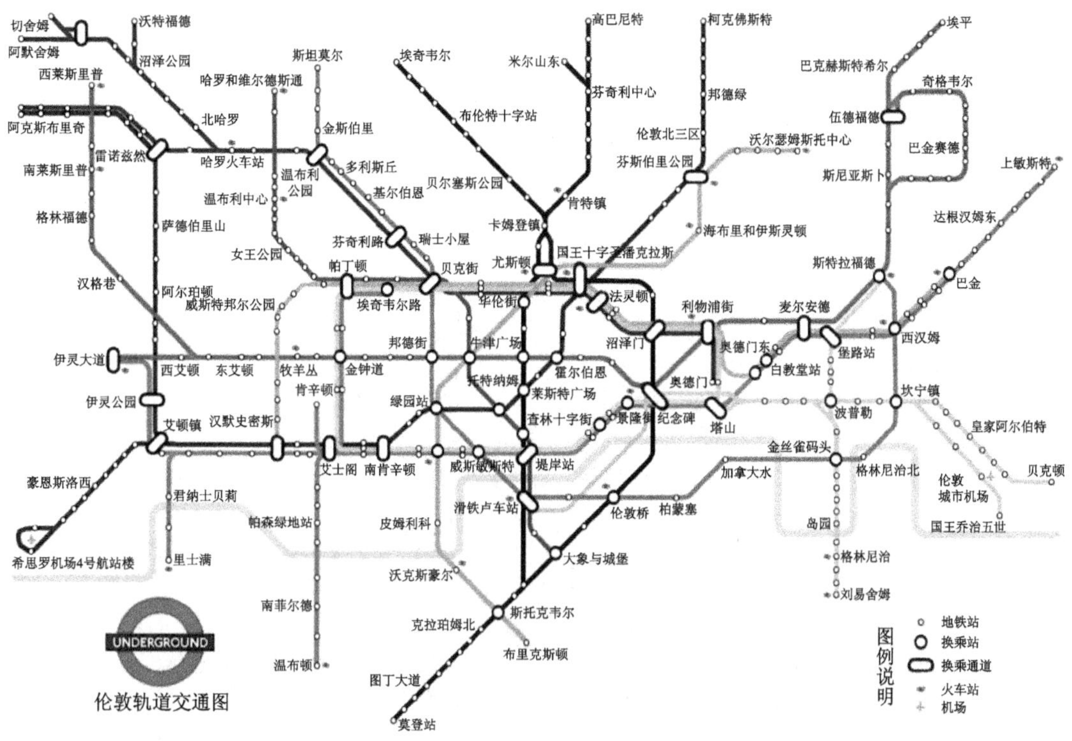

图 3-6　伦敦放射状路网

(3)条带形路网

条带形路网如树状结构，沿江和沿山谷发展的城市，如圣彼得堡地铁网。

(4)棋盘式路网

栅格式布置——至少四条线路，城区较为分散存在回路，如香港地铁网(图 3-7)。

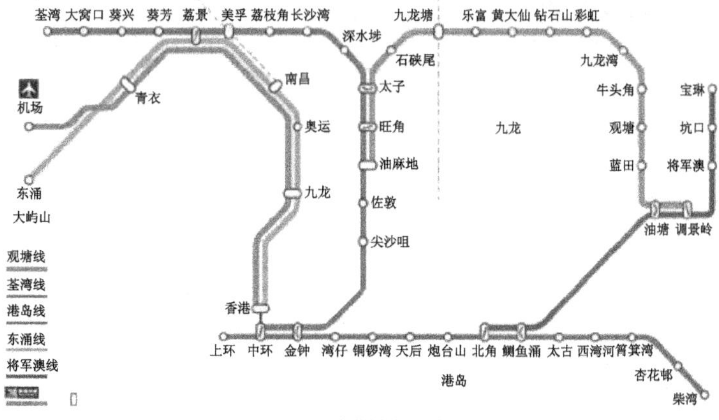

图 3-7　香港棋盘式路网

(5)综合性路网

放射和环状组合布置，是世界多数城市采用的形态，其方便，但造价大。如莫斯科的地铁网(图 3-8)。

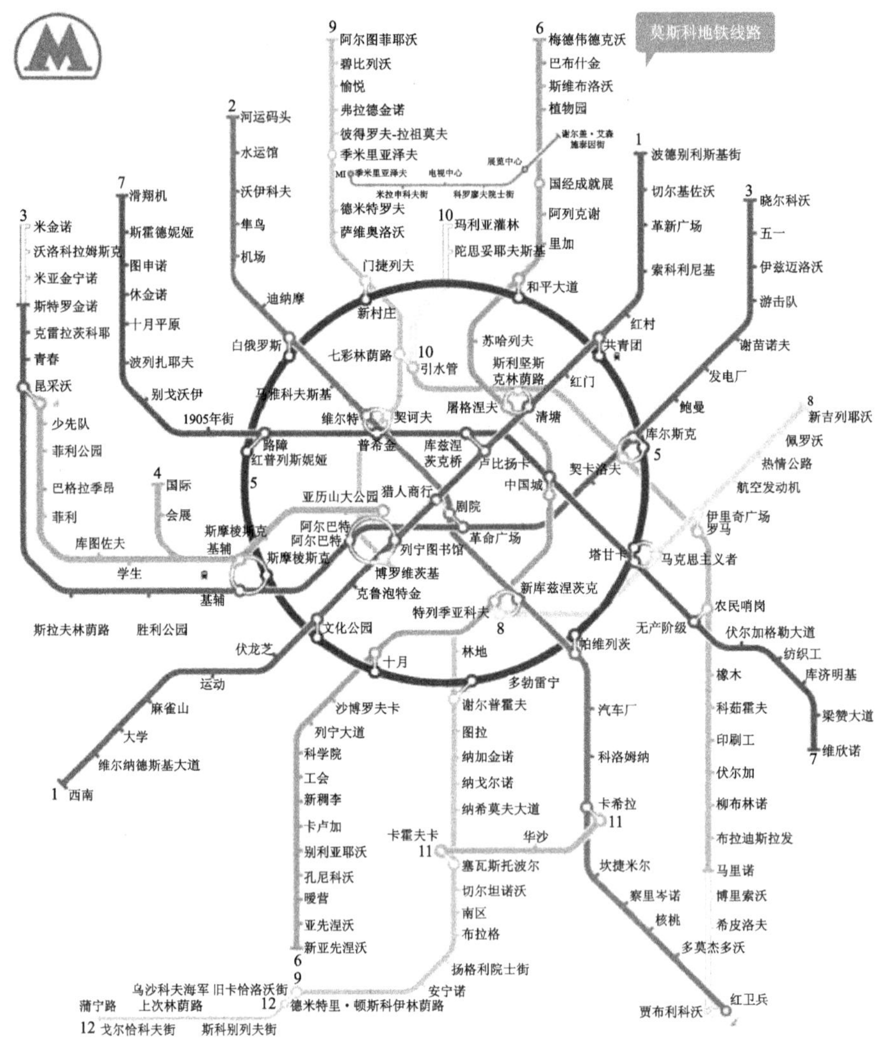

图 3-8　莫斯科综合性路网

3.4　车站

3.4.1　概述

城市轨道交通车站是接送旅客，直接为旅客服务的场所。因此，车站应设置在客流相对集中的地方，如火车站、客运码头、公交枢纽、空港、商业中心、文化体育中心和娱乐休闲会所等，以最大限度地吸引旅客。需要换乘的城市轨道交通车站之间，或城市轨道交通与其他交通方式之间应有机衔接，为旅客提供便捷的换乘条件。城市轨道交通车站效果图和实景图分别如图 3-9、图 3-10 所示。

a）

b）

图 3-9　城市轨道交通车站效果图

a）

b）

图 3-10　城市轨道交通车站实景图

车站作为旅客上下车的公共建筑，应该具有安全、文明、舒适的乘车环境。同时，车站的各项设施和设备的能力应满足事故情况下旅客 6min 内紧急疏散的要求。

城市轨道交通车站也是操控列车运行的场所。车站建筑空间布置应满足各设备系统安装及使用的要求。当建筑空间有富余、有条件时应尽量做到综合开发利用。

城市轨道交通车站应体现现代建筑的特点，地面站、高架站和地下车站的地面建筑还应与周围的城市景观相协调。

3.4.2　城市轨道交通车站形式

城市轨道交通车站形式主要取决于车站所处的建筑环境、工程的规划条件、车站布局和服务功能要求，以及线路敷设方式、地质条件、结构形式、施工方法等。

按线路敷设方式又可分为地下站、地面站和高架站。

按站台布置形式一般可分为岛式站台车站、侧式站台车站和侧岛侧或双岛等混合式站台车站。

(1)地下站

①侧式站台车站。

侧式站台车站一般可分为设地面站厅的地下单层侧式站台车站、全地下单层侧式站台车站和全地下多层侧式站台车站等形式。

地下单层侧式站台车站具有埋深浅、维护工程省的优点,但是两个站台分离,增加了楼扶梯和售、检票设备使用与管理的不便。

②岛式站台车站。

岛式站台车站地下一层为站厅层,地下二层为站台层。其优点是站厅分区合理,布局灵活;站台利用率高,换乘方便,疏导乘客能力大;站台层埋置较深,与区间隧道连接较容易。

③侧岛侧式站台车站。

当两条线的两个侧式站台车站设置平行换乘站时,中间两个侧式站台合并就形成了侧岛侧式站台或双岛式站台形式。

④特殊形式站台车站。

在特定情况下可采用特殊形式的车站结构形式(图 3-11)。

a)

b)

图 3-11 暗挖车站效果图

(2)高架车站

高架车站(图 3-12)可以设于道路一侧或道路中间,车站形式可以为岛式或侧式,也可以为侧岛侧式车站。车站形式的选择应尊重规划、结合车站的功能要求,尽量方便乘客乘降。采用岛式站或侧式站,将直接影响高架区间的平面形式。因高架区间一般采用双线桥梁,所以采用岛式站时,车站两端区间要设喇叭口过渡段。

a）

b）

图 3-12　高架车站效果图

高架车站的站内建筑布置要求基本与地下车站相同，但一般地下车站站台层在上，而高架车站站厅层在下。由于高架车站屹立于街市，因此其外观立面的建筑设计要求较高。车站建筑既要有各自的特色和风格，还应重视与周围建筑景观相协调。

3.4.3　车站功能分区及车站装修

（1）车站功能分区

车站由站厅、站台、设备及管理用房、车站服务设施、人行通道（或天桥）、地面出入口、风道、地面风亭等组成。

①站厅公共区（图 3-13）是旅客售检票、进出站的地方。检票口以外为非付费区，进入检票口后为付费区。布置的常见服务设施及设备主要有：售票机、闸机、便民服务设施（如自助银行等）、客服中心等。

a）

b）

图 3-13　站厅公共区实景

②站台公共区是旅客候车和上下车的地方，根据列车编组和预留要求设计站台长度，并根据控制期高峰客流设计站台宽度。站台与站厅间楼扶梯的设置，应满足紧急情况下旅客疏散的需要。布置的常见服务设施及设备主要有屏蔽门（安全门）、无障碍电梯、自助售货

机、休息座椅、卫生间等，如图 3-14 所示。

③设备区是车站运营管理区，除满足各种设备管理用房（图 3-15）对使用面积的要求以外，还应满足各房间之间的相互关系，如车站控制室应朝向公共区、并与站长室相邻。车站其他各项功能设计应根据建筑限界、设备安装和运营管理的要求，合理确定各部位的尺寸和使用面积。车站结构或房间的高度应满足设备和各种管线布置的要求。

图 3-14　站台公共区实景

图 3-15　设备管理用房区实景

④地面四小件（出入口地面厅、地面风亭、无障碍电梯地面厅、消防疏散口地面厅）应与周围环境相协调。地面四小件实景如图 3-16 所示。

a)出入口标志

b)出入口

c)残疾人垂直电梯

d)风亭

图 3-16　地面四小件实景

（2）车站装修

车站建筑装修是车站的重要组成部分。建筑装修按照装修区域或部位，可划分为外部装修和内部装修。外部装修主要指车站外部建筑物的装修，如出入口、风亭、外部设施等，外部装修注重外部造型效果，特别是高架站和地面站。车站内部装修除了应满足各种使用功能以外，还应为旅客提供舒适、愉悦的乘车环境，如图 3-17 所示。莫斯科地铁的富丽堂皇、巴黎地铁的浪漫情趣无不给人留下深刻印象。我国各个城市轨道交通车站的建筑装修也各具特色，有的是一条线一种基本色彩和装修风格；有的是一站一景，把建筑装修与地面人文景观环境有机结合。

a）

b）

图 3-17　车站装修实景

3.5 车辆系统

3.5.1 城市轨道交通车辆的主要系统组成

（1）车体系统（含钩缓装置、内装、贯通道）。

（2）门系统（客室门、司机室门、紧急疏散门）。

（3）空调系统和照明系统。

（4）牵引系统、控制系统和制动系统。

（5）辅助系统、乘客信息与视频监控系统及火灾报警装置。

（6）转向架。

（7）轮缘润滑装置。

（8）列车自动控制（ATC）。

3.5.2 车体系统

(1)车体

①车体形式(截面形状)。

车体形式可分为鼓形和V形两种,如图3-18、图3-19所示。其中鼓形又分为两种,一种是在鼓形最大宽度处上下都往回收的(深圳地铁1号线续建、深圳地铁5号线、武汉地铁1号线二期都属于此种类型);另外一种是在鼓形最大宽度处垂直向下的(主要是北京现有的部分不锈钢鼓形车,如北京地铁5号线车体等)。

图3-18 广州地铁3号线项目车体(V形)

图3-19 深圳地铁1号线续建项目车体(鼓形)

②车体主要大部件及简要说明。

a. 车体主要分为底架、侧墙、顶盖、端墙、司机室等模块。

b. 车体主要材料为铝合金和不锈钢车体。

目前国内除了北方城市(主要以北京、天津为代表)、西安、成都等少数城市外,其他大部分城市都倾向于采用铝合金车体;对于国外项目,要求采用不锈钢车体的比例较大,如东南亚市场、澳洲市场、南美市场等很多项目都要求采用不锈钢车体。

(2)钩缓装置

车钩。分为全自动车钩、半自动车钩和半永久车钩三种类型,如图3-20所示。大部分项目中三种车钩同时使用;有些项目中只使用全自动车钩和半永久车钩(如广州地铁3号线等);有的项目中只使用半自动车钩和半永久车钩(如北京地铁)。

全自动车钩可以实现机械、气路和电路的自动连挂;半自动车钩可以实现机械、气路的自动连挂,但是电路连挂需要手工完成;半永久车钩机械、气路和电路连挂都需要手工完成。

半永久车钩主要包括车钩钩头、缓冲器、车钩拖座、对中装置;半自动车钩除包括上述部件外还有气路连接部分,全自动车钩还有电气盒。

a)全自动车钩

b)全自动车钩

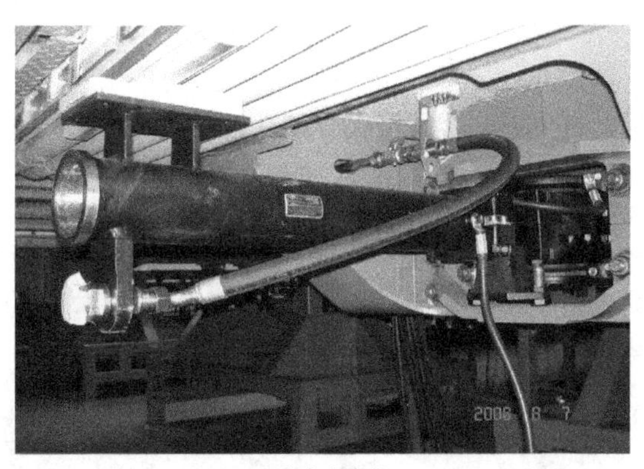

c)半永久车钩

图 3-20　挂钩各类型车体

（3）车体内装

车体内装主要包括立柱扶手、窗玻璃、内墙板、地板布、座椅等。

①座椅一般采用不锈钢和玻璃钢两种材料。其中不锈钢主要应用在气温较高的地区，如广州、深圳等；其他地区主要还是采用玻璃钢座椅。

②内墙板材料，主要有铝蜂窝和玻璃钢两种材料。铝蜂窝刚度和隔音、隔热性能要好一些，但价格较高，上海地铁 11 号线采用过铝蜂窝内墙板；北京地铁 4 号线的墙板采用了铝板表面陶瓷喷涂的方案，价格比铝蜂窝更高。

对于内顶板一般采用铝蜂窝材料，也有部分项目采用铝板。对于拐角顶板一般采用铝型材外表面喷漆的方式。

对于地板布的选择，主要有橡胶地板布和 PVC（聚氯乙烯）地板布两种（图 3-21），其中橡胶地板布可以满足《载客列车设计与构造防火通用规范》（BS6853）的要求，而 PVC 地板布不能满足 BS6853 中 1a 级的要求，因此很多招标文件明确规定不允许采用 PVC 地板布。

（4）贯通道

贯通道的类型按长度分，可分为分体式和单体式两种。

a)

b)

图 3-21　车内地板

分体式贯通道由两部分组成，总长度为 920mm，一般 A 型车都采用分体式贯通道，如图 3-22 所示。

单体式贯通道长度为 520mm，一般 B 型车都采用单体式贯通道，如图 3-23 所示。

两种贯通道在技术上没有太多区别，主要是根据列车长度决定的。

图 3-22　分体式贯通道（广州 3 号线项目）

图 3-23　单体式贯通道（武汉 1 号线二期）

3.5.3　客室门

（1）客室门的类型

按结构分，客室门可分为塞拉门、内藏门、外挂门、微动塞拉门，如图 3-24 ～图 3-27 所示。

按驱动方式分，客室门可分为电动门和气动门。

（2）客室门主要部件

客室门包括门页、门驱动装置、门控单元等。

图 3-24　上海地铁明珠线二期项目 V 型塞拉门

图 3-25　深圳地铁 1 号线续建项目鼓型塞拉门

图 3-26　上海地铁 11 号线北段内藏门

图 3-27　深圳地铁 1 号线司机室门（内藏门）

（3）客室门对比

①塞拉门。具有密封性好、外形美观等优点，应用比较广泛，尤其是对于高速地铁列车（如广州 3 号线项目），推荐采用塞拉门；缺点是门机构较重、机构复杂，当客室正压大时会关门困难。

②内藏门。其优点是门机构较轻、机构简单，开关门是直线运动，因此开关门较容易；缺点是密封性较差，且关门后外表面与车体表面不平齐，美观性差。

③外挂门。其在关门后比车体外表面突出，在技术上比塞拉门和内藏门稍差，因此在新造城市轨道交通车辆项目中已越来越少使用。

（4）客室门的数量及间距

①门数量。一般而言，国内 A 型车每侧有 5 个客室门；B 型车每侧有 4 个客室门，但根据每个项目的特点也有特殊情况，如上海地铁 11 号线南段项目的站间距较大，车辆采用横向布置座椅，因此初步确定在每侧布置 3 个客室门。

②门间距。一般国内 A 型车采用全列车等间距的方案，所有客室门间距都为 4560mm。

对于B型车，目前没有统一的规定，有的项目采用全列车等间距方案（如杭州地铁1号线）；有的项目采用同一节车内客室门间距相等，而车与车相邻客室门间距为其他数值的方案，具体需要根据项目的具体要求来确定。

（5）紧急疏散门

①紧急疏散门分为坡道式和梯式两种，如图3-28、图3-29所示。坡道式紧急疏散门的疏散能力为30min内疏散1500～2000名乘客。梯式疏散门的疏散能力远低于坡道式疏散门，具体疏散能力没有经过试验验证。

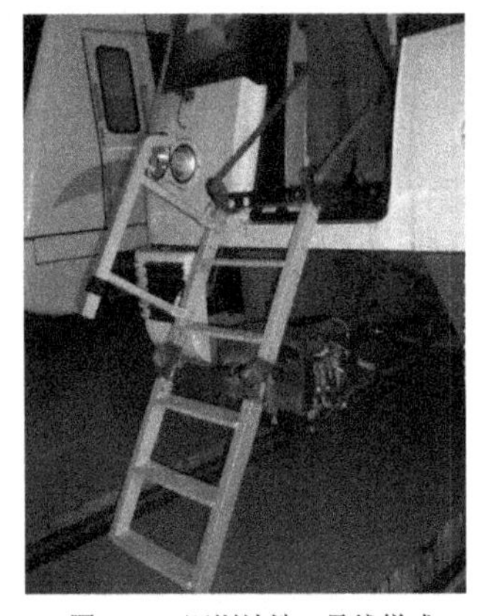

图3-28　深圳地铁1号线梯式紧急疏散门

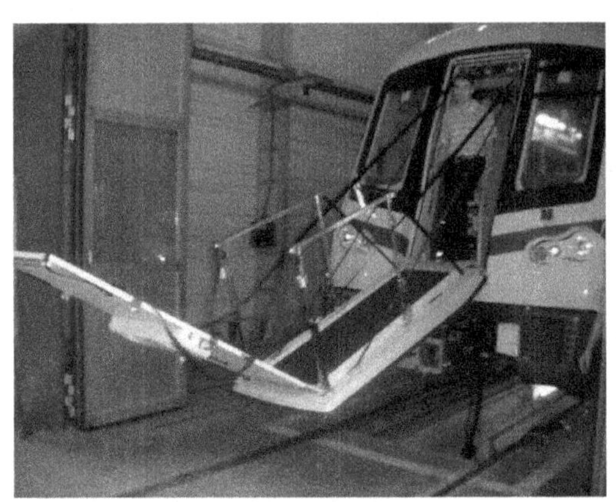

图3-29　上海地铁明珠线二期项目坡道式紧急疏散门

②紧急疏散门的数量及安装位置。紧急疏散门一般只有一个，安装在司机室前端正中央，但有一些项目要求安装在司机室一侧(如北京地铁5号线)。

从技术角度和安全性（疏散能力方面）考虑，建议采用坡道式紧急疏散门。典型的例子是香港地铁列车的紧急疏散门，门的宽度很大（图3-30），虽然司机室不美观，但是香港地铁认为保证乘客安全是最重要的，充分体现了以人为本的理念。

a）

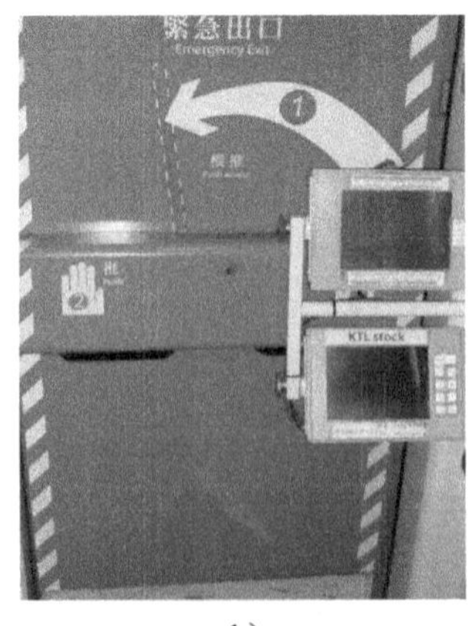

b）

图3-30　香港地铁采用的超宽紧急疏散门

3.5.4　空调和照明系统

（1）空调系统

①空调系统的主要功能。一般都是具有制冷、采暖、通风功能，但有些城市根据自身的特点有不同的功能需求，有些仅有制冷和通风功能，有些仅有采暖和通风功能，具体功能根据业主的要求确定。

②空调系统主要部件及简要说明。空调系统主要包括空调机组、空调控制模块、风道、出风格栅、废排、空调紧急逆变器、电加热器（北方城市）等。其中单元式空调机组由压缩机、冷凝器、冷凝风机、蒸发器、空气滤网、送风机、回风门、新风门、压力开关、干燥过滤器、温度传感器、机组外壳等组成。

③空调系统的数量及安装位置。每辆车安装两台空调机组，分别安装在车体的 1/4 处和 3/4 处，或安装在端部，如图 3-31 所示。另外根据业主要求设置独立的司机室空调或司机室通风机组。

图 3-31　上海地铁明珠线二期的空调机组

（2）照明系统

①内部照明系统。

a. 内部照明系统主要部件及简要说明。内部照明主要包括客室照明灯具（荧光灯管或 LED）、灯罩以及司机室照明灯具（荧光灯管或 LED）等。

b. 内部照明系统安装位置。客室照明电路分为两条正常照明电路和紧急照明电路。沿客室天花板纵向排列的两条灯带由正常照明灯和紧急照明灯交叉排列组成。如果一条电路出现故障，贯穿全车厢的其他电路的照明还是正常工作的。

②外部照明系统。

a. 外部照明系统主要部件及简要说明。外部照明主要包括前照灯、标志灯和运行灯几种，如图 3-32、图 3-33 所示。有些项目还要求在车体侧墙外部设置有制动状态显示灯。

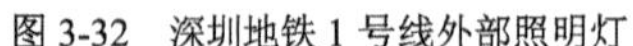
图 3-32 深圳地铁 1 号线外部照明灯

图 3-33 广州地铁二八线外部照明灯

b. 外部照明系统安装位置。

前照灯由两盏独立安装的灯组成，应位于 A 车的 1 位端前端墙的两侧。应能提供“亮”和“暗”两种照明强度。

标志灯（红色）位于 A 型车的 1 位端前部的两侧。可与前照灯安装在同一灯罩中，一般采用高亮度发光二极管矩阵。标志灯应在距车辆 300m 远处仍能清晰地看到（视觉清晰的天气状况下），包括在直线隧道内。

运行灯由以红色和白色为一组的两组灯组成。运行灯应位于 A 车 1 位端的前端墙顶部的两侧，一般采用高亮度发光二极管矩阵。

3.5.5 牵引、控制和制动系统

（1）牵引系统

①牵引系统主要部件及简要说明。牵引系统主要包括受电弓或集电靴、避雷器、高压箱（含高速断路器）、牵引逆变器、齿轮箱、联轴节、牵引电机、制动电阻、速度传感器等。由于目前大部分项目都由业主对牵引系统单独招标，因此每个项目牵引系统的具体供货范围需要根据牵引系统投标情况而定。

②接触网和第三轨的对比。目前国内项目中接触网和第三轨受流各有应用，接触网受流主要应用在上海、广州、深圳、南京、杭州等南方城市；第三轨受流主要应用在北京、天津等北方城市以及武汉等城市，目前在上海、广州、深圳、昆明等城市的个别项目，由于景观等因素，也要求采用第三轨受流。另外，还有个别项目要求同时具有受电弓与第三轨受流功能，如广州地铁 4、5、6 号线。

受电弓受流（图 3-34）相对于第三轨受流，具有质量轻、噪声低、可维护性好等优点；但是在地面和高架线路运行时对城市景观有一定影响。

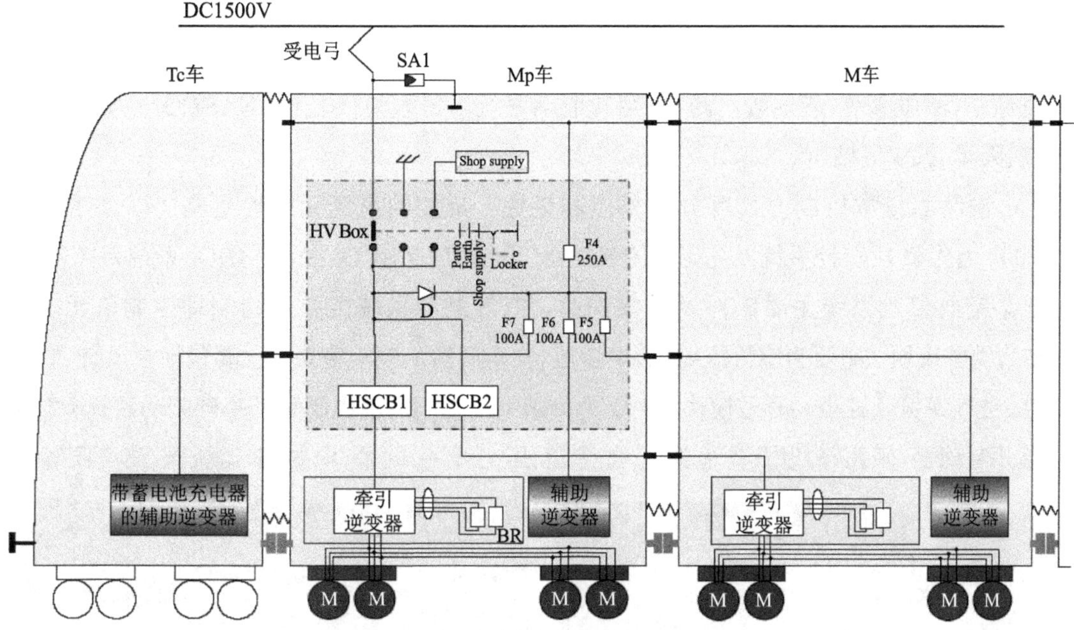

图 3-34　典型的地铁车辆高压系统回路（受电弓受流）

（2）控制系统

列车控制系统主要部件及简要说明：车辆控制单元、信号输入 / 输出模块（图 3-35）、中继器、控制总线、司机控制器、司机显示器等。司机台布置如图 3-36 所示。

图 3-35　信号输入 / 输出模块

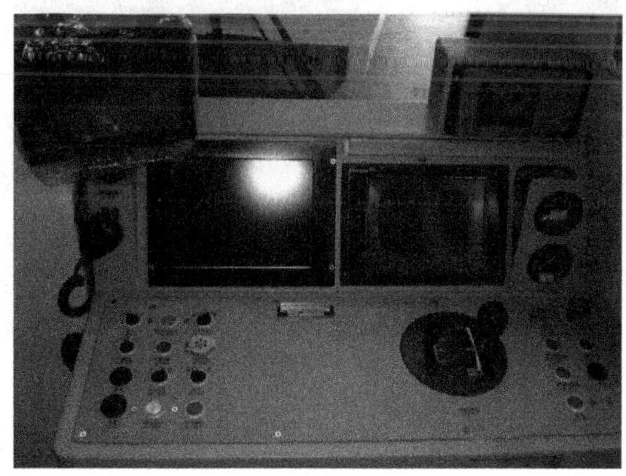

图 3-36　司机台布置图

（3）制动系统

①制动系统的分类方式。

a. 制动系统按传输介质可分为空气制动和液压制动。液压制动的突出优势在于零部件尺寸较小，因此可以应用在车辆底架空间小（如低地板车）的车辆上；但其成本和使用维护方面相比空气制动系统处于劣势。在国内城市轨道交通项目中只有北京机场线等极少数项目使用液压制动。

b. 制动系统按制动力输出特性可分为模拟式和数字式。模拟式制动系统制动力输出是无级调节的;而数字式制动系统制动力输出是有级调节的。模拟式制动系统以欧系为代表,如克诺尔、法维莱等,应用较广泛;数字式制动系统以日系为代表,如NABCO,主要应用在北京、天津、武汉等城市。

c. 制动系统按控制方式可分为车控和架控。架控的系统冗余性更高(以克诺尔的EP2002为代表);车控系统以克诺尔的KBGM系统和NABCO公司的HRA系统为代表。

②空气制动系统主要部件及简要说明。空气制动系统主要包括制动控制单元(图3-37)、供风模块(主要为空气压缩机、干燥器、安全阀等)、制动模块(主要包括主风缸、制动风缸、空气弹簧风缸等)、升弓模块(主要为脚踏泵、压力表、电磁阀等)、基础制动装置(主要为单元制动器、闸瓦等)以及其他部件,如汽笛、压力开关、软管、电磁阀、溢流阀、高度阀等。

a)

b)

图 3-37 制动控制单元(EP2002 阀)

3.5.6 辅助系统

辅助系统主要部件及简要说明:辅助系统主要包括辅助逆变器、充电机、蓄电池、车间电源插座等。

3.5.7 车辆转向架

车辆转向架是指由车辆上两对或两对以上轮对用构架等装置联成一组并能相对于车体

回转，且装备有弹簧等部件构成的一个独立走行结构。根据车辆总重，车体支承在两个或两个以上的转向架上。转向架可以将车辆的自重及载重通过转向架本身传递至轮轨接触点，之后继续向下传递。在车辆运行过程中承受和传递各种载荷及作用力。通过弹性悬挂装置使车辆具有良好的动力性能和运行品质。

转向架通常由侧架（或构架）、轮对、轴箱、弹簧减振装置、摇枕、转向架基础制动装置等组成。其中构架是转向架的基础，它为转向架的其他零部件提供一个安装的基础界面，使转向架能够形成整体，并且承受、传递各种载荷及作用力。转向架按照用途可分为客车转向架和货车转向架两大类；按照有无动力装置一般可以分为动车转向架和拖车转向架，二者的区别主要在于转向架是否装有牵引电机及齿轮变速装置。

转向架通过其中央的圆形下心盘与车体底架下部的上心盘嵌合在一起，使车体与转向架能相对圆滑偏转，如图 3-38 所示。因此，采用转向架后，能使比较长的车辆易于通过曲线区段，并能减少车辆通过曲线时的阻力。在车辆通过线路高低不平处时，能减小车体的垂直位移，从而可增加车辆运行的平稳性。还便于在转向架上安装多系弹簧和减振器，保证车辆有良好的运行品质，从而可以提高车辆的运行速度。转向架能轻易地从车体下面推出，因此便于检修。

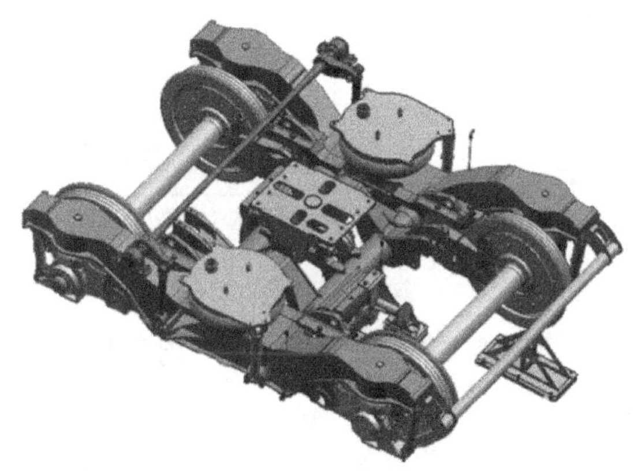

图 3-38　转向架

3.6　车辆基地

3.6.1　车辆基地概述

（1）车辆基地的基本组成和作用

车辆基地作为城市轨道交通配套系统，它主要包括车辆段、综合维修中心、物资总库和培训中心四大基本部分，并辅以必要的办公、生活设施。国内有些城市，还将行车调度指挥中心、地铁公安分局或运营公司整合在车辆基地内。

车辆基地按属性类别组成如图 3-39 所示。

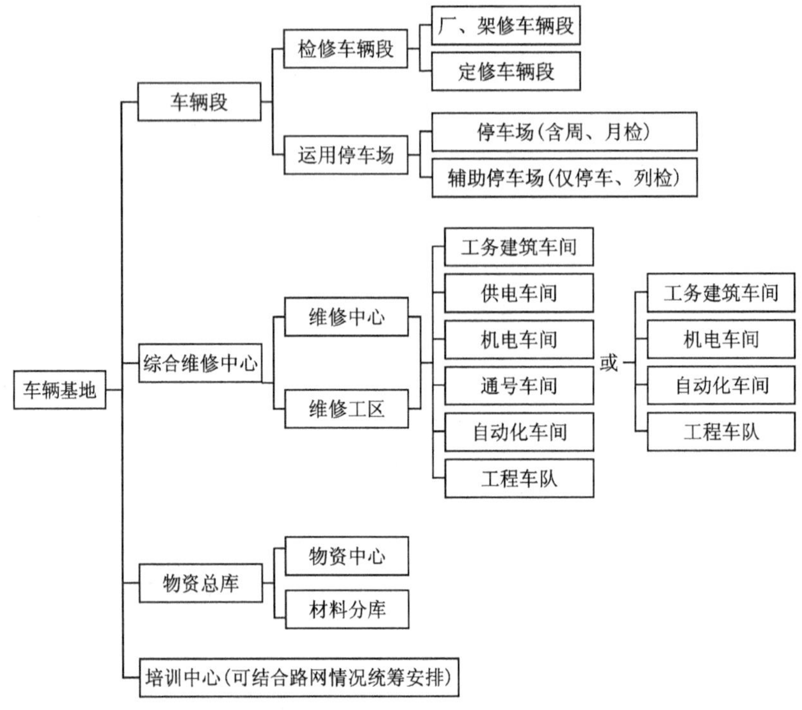

图 3-39　车辆基地属性类别示意图

车辆基地按检修等级分类如图 3-40 所示。

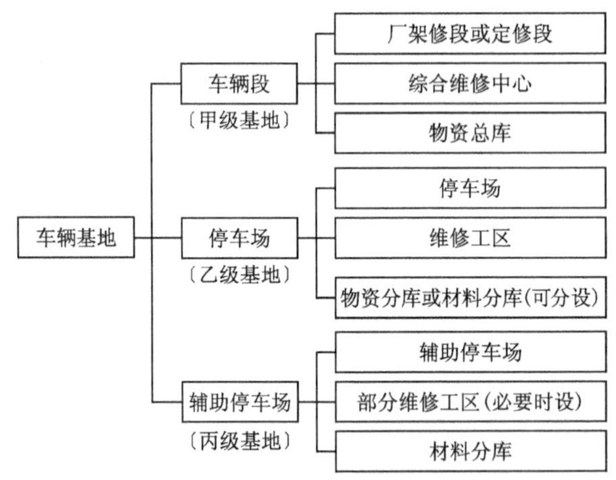

图 3-40　车辆基地按检修等级分类示意图

(2)车辆基地是城市轨道交通系统的重要组成部分

城市轨道交通系统工程就其系统本身就有近 30 个系统,车辆基地是其中最大的系统。车辆基地涉及专业多,需要近 30 个专业互相配合、通力合作。另外车辆基地的设计牵涉面广,包括:规划、水文、地质和市政管理的交通、供电、给排水、消防、环保、卫生以及园林等诸多方面。如果再考虑"物业开发"就要更多了。

车辆基地设计组织机构如图 3-41 所示。

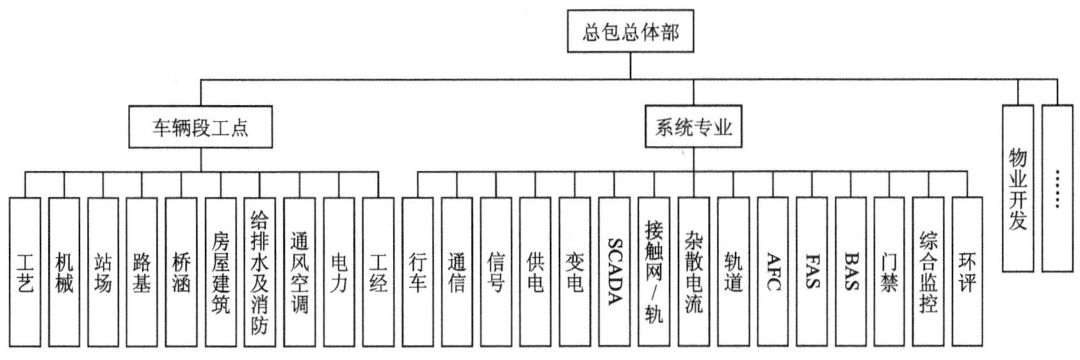

图 3-41　车辆基地设计组织机构示意图

①车辆基地是保障城市轨道交通系统安全运营的总后勤部。

车辆基地主要组成如下：

a. 车辆段。是车辆管理、运用、维修保养和检修的基地，保证按时提供技术状态良好的车辆。

b. 维修中心。是各项设备、设施的维修、保养和检修的基地，保证各项设备设施处于正常状态。

c. 物资总库。是材料、设备和各种物资的采购、保管和发送单位，保证地铁运行和维修所需的材料、设备的供应。

d. 培训中心。是职工培训和再教育的基地，是提高全体员工的业务能力和技术水平的保证。

②车辆基地占地大、投资多、对城市轨道交通工程建设影响大。

车辆基地占地一般较大，停车场占地面积一般为 8 万～ 15 万 m^2，定临修段占地面积一般为 15 万～ 25 万 m^2，而作为线网性的大架修车辆段占地面积甚至达到 40 万 m^2 左右。

车辆基地一般建筑面积较大，停车场建筑面积一般为 3 万～ 5 万 m^2，定临修段建筑面积一般为 6 万～ 8 万 m^2，而作为线网性的大架修车辆段建筑面积甚至突破 12 万 m^2。

车辆基地一般投资较高，车辆基地的投资约为工程投资的 3% ～ 8%。停车场投资一般为 2 亿～ 4 亿元，定临修段投资一般为 4 亿～ 8 亿元，而作为线网性的大架修车辆段甚至突破 12 亿元。

车辆基地一般建设周期较长，从初步设计开始到竣工验收截止，一般建设周期为 3 ～ 5 年。

车辆基地主要建筑物如图 3-42 ～图 3-46 所示。

图 3-42　车辆段与综合基地

图 3-43　停车列检库(棚)

图 3-44　检修库

图 3-45　物资总库

图 3-46　综合楼

3.6.2　车辆基地的功能

车辆基地作为轨道交通系统的运用、检修、材料和后勤保障基地，其功能应满足为整个轨道交通系统服务的需要。车辆基地应具备以下基本功能：

（1）车辆停放及日常保养功能

①车辆的停放和管理。

②司乘人员每日出、退勤前的技术交接。

③对运用车辆的日常维修保养（列检和月检）及一般性临时故障的处理。

④车辆内外部的清扫、洗刷及定期消毒等。

（2）车辆检修功能

根据轨道交通车辆的检修周期，定期完成对车辆的计划性修理。

（3）列车救援功能

列车发生故障、事故（如脱轨、颠覆）或供电中断时，能迅速出动救援设备起复车辆，或将列车牵引至临近车站或车辆基地，尽快恢复运营秩序。

（4）设备维修功能

负责车辆基地配属的各种设备除大修以外的维护和检修。

（5）系统维修功能

对全线各系统包括给排水、供电、环控、通信、信号、防灾报警、自动售检票、自动扶梯等机电设备和房屋建筑、轨道、桥梁、车站等建构筑物进行维护、保养和检修等。

（6）材料供应功能

负责全线系统在运营过程中所需各种材料、设备器材、备品备件、劳保用品以及其他非生产性固定资产的采购、储存、保管和供应工作。

3.6.3 车辆段与综合基地基本功能

列车停放及日常保养、车辆检修、列车救援、设备维修、材料供应、行政管理、技术管理、行车公寓、员工培训。

设置要求：每条线设一个定修车辆段，当车辆段与终点距离超过 20km 时，要增设停车场。

3.6.4 总平面布局

（1）并列式

①形式。将停车部分与检修部分并列平行设置，咽喉区呈扇形同向与出入段线连接，如图 3-47 所示。

②特点。整体布局紧凑；咽喉区占地面积大。

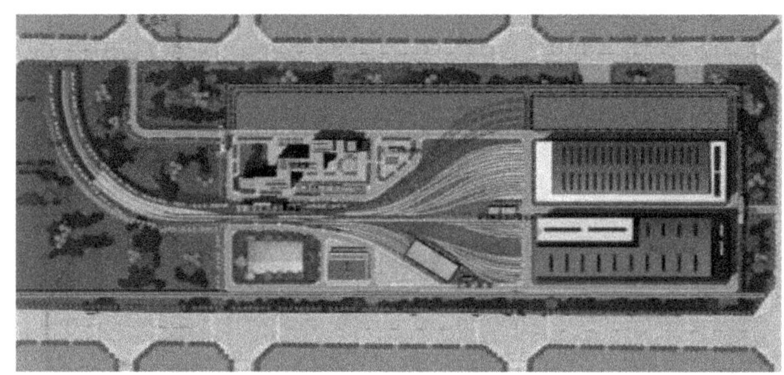

图 3-47 并列式效果图

（2）倒装式

①形式。停车部分与检修部分逆向设置，利用段内联络线将两部分连接，如图 3-48 所示。

②特点。分解咽喉区，便于土地利用。检修与出入段线方向不顺，调车工作量较大。

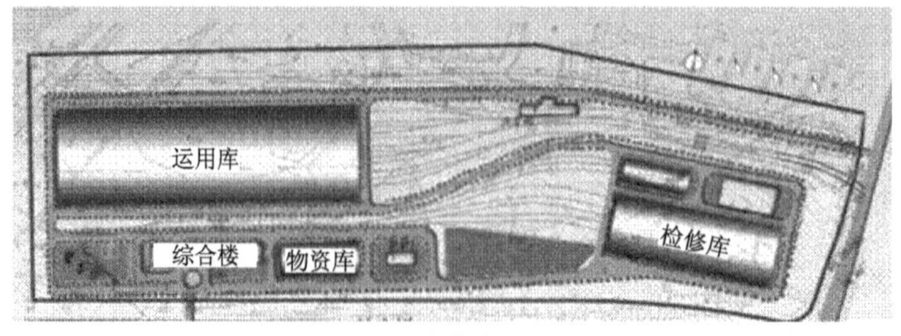

图 3-48 倒装式效果图

（3）贯通式

①形式。运用部分两端均与正线相连，如图 3-49 所示。

②特点。两端设咽喉区，列车出入段方便，占地面积较大。

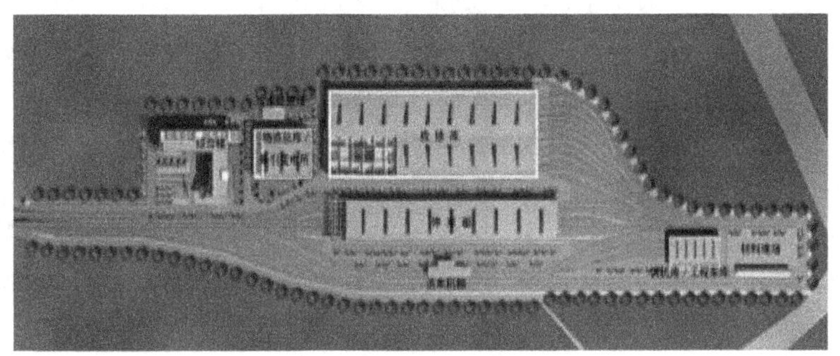

图 3-49　贯通式效果图

3.7　机电设备系统

机电设备系统主要包括信号、通信、牵引供电、自动售检票（AFC）、环境控制、给排水、火灾报警系统(FAS)、综合监控(ISCS)、屏蔽门(PSD)、电梯。

根据机电设备对列车运行影响和实现功能不同，机电设备可分为为三大类：

（1）列车运行直接相关类。包括：信号系统、通信系统、牵引供电系统。

（2）列车运行非直接相关类。包括：FAS、ISCS。

（3）乘客服务类。包括：AFC、环境控制、给排水、PSD、电梯。

3.7.1　列车运行直接相关类

（1）信号系统

信号系统是一个集行车指挥和列车运行控制为一体的系统，直接关系到轨道交通系统的运营安全、运营效率以及服务质量。它保证乘客和列车的安全，实现列车快速、高密度、有序运行的功能。信号系统主要由计算机联锁子系统（CBI）、列车自动控制子系统（ATC）、列车自动监控子系统（ATS）、数据通信子系统（DCS）、维护支持子系统（MSS）构成。计算机联锁机柜和轨旁计轴设备，分别如图 3-50、图 3-51 所示。

图 3-50 计算机联锁机柜

图 3-51 轨旁计轴设备

（2）通信系统

通信系统为运营管理、行车调度、设备监控和防灾报警等系统提供语音、数据和图像信息的传输通道，是实现指挥调度、保证列车及乘客安全、抢险救灾、防恐反恐的重要手段。通信系统主要由传输、公务电话、专用电话、无线通信、闭路电视监视、广播、时钟、乘客信息（PIS）、专用电源、集中告警等子系统构成。车载 PIS 和站台 PIS 分别如图 3-52、图 3-53 所示。

图 3-52 车载 PIS

图 3-53 站台 PIS

（3）牵引供电系统

牵引供电系统为城市轨道交通运营提供所需电能的系统，经高压输电网、主变电所降压、配电网络和牵引变电所降压、换流（转换为直流电）等环节为列车、设备系统及车站线路运行提供可靠的电力供应，包括列车牵引用电和运营、服务设施用电。

其中接触网子系统负责把从牵引变电所获得的电能直接输送给电力机车使用。变配电子系统主要设备包括主变电所、牵引降压混合变电所、降压变电所、跟随式降压变电所。变电所设备和接触网设备分别如图 3-54、图 3-55 所示。

图 3-54　变电所设备

图 3-55　接触网设备

3.7.2　列车运行非直接相关类

（1）火灾报警系统（FAS）

FAS 是利用电子通信技术、检测技术和计算机技术，根据防火特点和要求设计，系统探测到火灾发生时，输出联动灭火信号，启动相应的消防设施进行灭火。FAS 由主控（控制中心）和分控（车站、车场、车辆段）两级管理。控制中心设防灾监控中心，负责监视全线防灾设备运行状态、接收报警信号、发布救灾指令等。车站防灾监控负责接收车站灾害报警，及时与指挥中心联络，并接收中心防灾指令，通过消防控制装置（图 3-56、图 3-57）实施灭火。

图 3-56　气体灭火就地控制盒

图 3-57　气灭控制盘

（2）综合监控

综合监控系统通过集成地铁多个主要弱电系统，形成统一的监控层硬件和软件平台，实现对地铁主要弱电设备的集中监控和管理，实现对列车运行情况和客流统计数据的关联监视功能，最终实现相关各系统之间的信息共享和协调互动功能。

3.7.3 乘客服务类

（1）自动售检票系统（AFC）

AFC是基于计算机、通信、网络、自动控制等技术，通过对计算机、统计、财务等专业知识的综合运用，实现售票、检票、计费、收费、统计、清分结算和运行管理等全过程的自动化系统。AFC按结构层次划分一般分为车票、车站终端设备、车载计算机系统、线路中央计算机系统、清分系统。自动售票机及闸机如图3-58所示。

图3-58 自动售票机及闸机

（2）环境控制系统

环境控制系统主要为通风空调系统，其主要功能是为地铁线路各车站及区间提供足够的新风，控制适宜的温度，灾害时排烟救助、防烟隔离以保证乘客的安全。

（3）给排水系统

给排水系统主要功能是提供地铁清洁、生活和消防用水，并收集雨水、污水集中泵入城市排水系统。

（4）屏蔽门

屏蔽门是一项集建筑、机械、材料、电子和信息科学于一体的高科技产品，由门体、门机、电源及控制四部分组成。屏蔽门将站台和列车运行区域隔开，通过控制系统控制其开、关，如图3-59、图3-60所示。屏蔽门能有效减少空气对流造成的站台冷热气的流失，保障列车、乘客进出站时的安全，降低了列车运行所产生的噪声对车站的影响，为乘客营造一个安全、舒适的候车环境，具有节能、安全、环保、美观等功能。

（5）自动扶梯、电梯

自动扶梯（图3-61）、电梯（图3-62）作为地铁车站内集散乘客的主要运输工具，可将乘客安全、快捷、舒适地送入或送出车站。自动扶梯作为车站主要的大运载工具，有效地解决了地面至站厅、站厅至站台不同层间乘客的乘降需求。

图 3-59　全高屏蔽门

图 3-60　半高屏蔽门

图 3-61　自动扶梯

图 3-62　电梯

电梯可使乘客无障碍进、出站，同时还可实现大尺寸、大质量行李的垂直运输。

第4章
地　铁

4.1　地铁及发展

4.1.1　地铁的发展历史

1863 年 1 月，世界上第一条地下铁路——大都会铁路正式在伦敦建成并通车，大都会铁路全长 3.75 英里（约合 6km），全线设有 7 个站（图 4-1、图 4-2），开通首日即受好评，全天共运载旅客近 3.8 万人次，它的成功运行，为人口密集的大都市如何发展公共交通提供了宝贵的经验。从此，城市交通进入轨道交通时代。1861 年位于国王十字车站附近的明挖工点的素描画如图 4-3 所示。

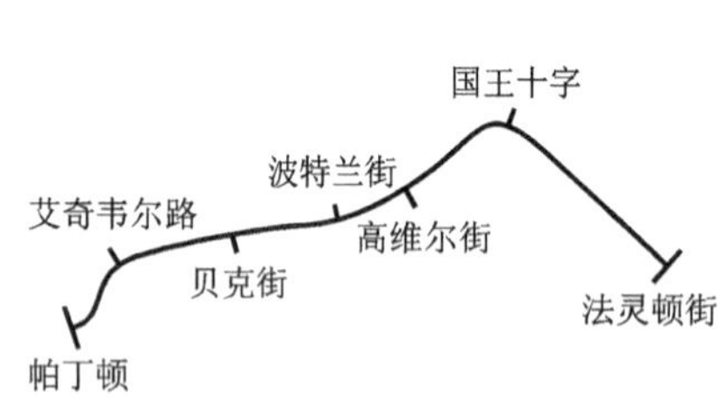

图 4-1　1863 年的大都会铁路线路示意图

图 4-2　“大都会”型列车行驶于帕丁顿—艾奇韦尔路站区间

城市轨道交通的发展历程可以分为以下几个阶段：

（1）初步发展阶段（19 世纪 60 年代—20 世纪 30 年代）

在这一时期，欧美的城市轨道交通发展速度很快，有 13 个城市相继建成了地铁。而在当时，旧式的有轨电车仍是主要的公共交通设施，不过，相比于地铁，其运行速度低、噪声大、正点率低等缺点已经显露出来。

图 4-3 1861 年位于国王十字车站附近的明挖工点的素描画

（2）停滞萎缩阶段（20 世纪 30—50 年代）

由于第二次世界大战的爆发，导致了城市轨道交通停滞不前。而汽车凭借它便捷灵活的特点，被人们接受，因此汽车制造业得到快速发展。而在这一时期，世界上只有 5 个城市发展了城市地铁。而有轨电车则渐渐被淘汰。

（3）重新认识阶段（20 世纪 50—70 年代）

由于汽车制造业的高速发展，使得城市交通逐渐拥挤甚至出现交通瘫痪。加上空气污染，噪声大等缺点，使得人们重新认识到轨道交通的重要性。轨道交通也从欧美国家扩展到亚非拉的日本、中国、韩国、伊朗等国家。这一时期有 17 个城市新建造了地铁。

（4）高速发展阶段（20 世纪末至今）

城市地铁不仅仅是一种交通运输手段，更是一个城市形象的体现，而且对于一个城市的可持续发展起着某种积极的作用。不同国家的地下铁道建设更具有鲜明的城市特色，如莫斯科地铁被称为欧洲的“地下宫殿”。

4.1.2 中国地铁发展概览

我国大中城市目前的交通现状为：人口密度大、行车速度慢、交通秩序混乱、耗能多、污染严重。而解决这些问题的有效方法之一就是建造地铁。

我国的第一条地铁线是于 1965 年 7 月 1 日在北京开工修建的 1 号线，1969 年 10 月 1 日完工通车。当时是借鉴莫斯科与伦敦在第二次世界大战时的经验，将其作为等级人防工事建造。该线路全长 23.6km，共设 17 个车站，是中国地铁之先河。1977 年，北京地铁 1 号线正式运行载客。当时地铁项目定位是“战备为主，兼顾交通”。

天津地铁1号线一期工程，始建于1970年6月，1984年12月28日建成通车。这是继北京之后，在我国建成的第二条地铁。

2000年之前，我国仅北京、天津、香港、上海、台北、广州六个城市拥有轨道交通线路。

21世纪以来，随着中国经济的飞速发展和城市化进程的加快，城市轨道交通也进入大发展时期。表4-1为我国部分城市正式开通运营的城市轨道交通线路里程。

我国部分城市轨道交通运营里程（截至2017年底） 表4-1

序号	城市	运营里程(km)							
		合计	地铁	轻轨	单轨	市域快轨	现代有轨电车	磁浮交通	APM
1	上海	731.37	636.37			56.00	9.00	30.00	
2	北京	684.40	587.80			77.00	9.40	10.20	
3	南京	364.91	177.19			170.62	17.10		
4	广州	357.93	346.23				7.70		4.00
5	深圳	298.22	286.50				11.72		
6	成都	269.34	175.14			94.20			
7	重庆	264.57	166.07		98.50				
8	武汉	251.16	200.90	33.40			16.86		
9	天津	175.30	115.30	52.00			8.00		
10	大连	181.27	56.27	101.00			24.00		
11	苏州	138.40	120.70				17.70		
12	郑州	133.54	90.54			43.00			
13	沈阳	125.00	54.00				71.00		
14	杭州	105.62	105.62						
15	西安	89.00	89.00						
16	昆明	86.19	86.19						
17	长春	78.14	18.14	47.00			13.00		
18	宁波	74.50	74.50						
19	长沙	68.70	50.10					18.60	
20	兰州	61.00				61.00			
21	无锡	55.70	55.70						
22	青岛	55.10	46.10				9.00		
23	南宁	53.30	53.30						
24	合肥	52.40	52.40						
25	南昌	48.43	48.43						
26	东莞	37.80	37.80						
27	佛山	33.50	33.50						
28	石家庄	28.43	28.43						
29	福州	24.60	24.60						
30	哈尔滨	21.75	21.75						

4.1.3 国外地铁发展情况

（1）伦敦地铁

伦敦地铁历史悠久，是世界上第一个地铁系统。地铁系统除部分路线外，列车行走的隧道狭窄，车厢也比标准的地面铁路车厢要窄和矮。很多车站站台和通道都是拱形的，像是一根根管子，被称为 Tube。

一些较旧的地铁车站，设备简陋，灯光昏暗，部分墙壁和天花剥落。伦敦地铁列车车厢不但狭窄，而且还没有空调设施，车厢通风主要来自车卡之间的通道（车门上的窗户）。伦敦地铁行车不稳，噪声亦很大。车卡之间的通道是外露的，但有车门保护，车门上贴有告示，行车期间是不可以使用的。伦敦地铁（或其他铁路）另外有一样很特别的地方，就是它的车门具有开关按钮，如果你不去按开门按钮，车门不会开启。伦敦地铁网络四通八达，车站指示明确、车厢广播及时，乘坐地铁前往目的地，一般不用害怕迷路。

（2）巴黎地铁

巴黎的交通之便堪称世界之最。巴黎的地铁历史悠久，风貌别致，像一座深邃的地下博物馆，自 1900 年开辟第一条线以来，巴黎目前已拥有 14 条地铁线、5 条穿越巴黎大区的郊区快线（RERA、B、C、D、E 线），地铁站台总数近 300 个，巴黎地铁线网像一张密集的网络罩住巴黎及外围城市。地铁是巴黎最方便的交通工具，乘坐地铁可以到达巴黎的任何一处，既快捷又方便。

（3）纽约地铁

纽约地铁没有法国巴黎和英国伦敦的地铁历史早，但却是当时规模最大的城市地下铁路：全长 722 英里（约 1162km），每天载客 450 万人。纽约地铁是从 1900 年开始建设的，每一条路线宽 55 英尺（约 16.8m），深 15 英尺（约 4.6m）。1953 年，地铁的票价是 15 美分。1966 年地铁大罢工，1968 年纽约州开始接管地铁，1982 年，大都会捷运局（Metropolitan Transportation Author）控制地铁系统。

4.1.4 我国地铁发展思路及面临的难题

（1）“产业”概念

地铁从规划、设计、开发、制造、建设、运营是一个庞大、复杂、多行业、多专业的系统工程，是一个完整的系统产业概念。

我国地铁在全面建设初期主要依靠进口，价格昂贵，地方财力难以承受。自从实施地铁设备国产化政策以来，我国车辆国产化成绩斐然，国产车辆不断涌现，自主创新能力显著增强。显然，地铁建设对中国装备制造业的带动作用非常大。

（2）“民族”概念

地铁建设要立足发展民族工业，促进本国经济，形成我国的地铁产业，使国家发展壮大。

当前全国各地纷纷掀起城市轨道交通建设高潮，国产轨道交通设备的市场需求大幅提升。广阔的市场空间将有力拉动中国轨道交通设备制造业的长足发展。

地铁车辆制造、通信、信号设备的核心技术研究等一系列前言技术和相应材料的研究都已经打破海外巨头在此领域的长期技术垄断。

（3）“经济”概念

地铁建设投资大，周期长、科技含量高、行业广、使用寿命长，能够最有效地带动经济发展。但是，目前国内外开通运营的地铁都面临着运营盈利难题。

地铁建设的快速发展也带动了房产、商铺、广告等产业的发展，甚至催生了新的城市格局，其投资潜力不可小视。但地铁建设项目投资大、周期长、技术复杂，质量要求高。

但由于地铁是高造价、高成本运营的地下交通，投资建设和建成后的运营在世界范围内都是一个难题。目前在世界范围内，除香港地铁之外，地铁都是一个高亏损、高补贴的行业。所以地铁一般只能由政府用公共财政去投资建设和维持运营。2007 年 10 月北京市轨道交通全路网（不含机场轨道交通线）实行 2 元 / 人次的单一票制后，仅此一项北京市每年的亏损补贴就达 10 亿元。所以说，探索地铁公司的盈利模式对国内各城市地铁的发展来说意义都非常重大。

（4）“发展”概念

一方面要抓住机遇，加快发展；另一方面要保证地铁建设能可持续、稳定、健康发展。

我国城市对地铁的渴望首先体现在长度上。几乎所有的地铁城市施工项目在实施一期工程之后都修改了原先的线路长度。目前我国建设地铁项目的城市中，地铁线路总长度规划都在 100km 以上。2008 年奥运会时，北京的地铁总长已经达到 300km。要知道，当时伦敦地铁线路总长不过 460km 左右。由此可见我国地铁建设的速度之快。但如同任何事物都具有两面性一样，地铁也有其难以掩饰的缺点。它的造价高、技术标准高、工程量大、施工难度大、建设周期长。而对于建造地铁这样的长期投资项目，建造投资与运行成本等全过程的投入向来是个“无底洞”。

4.2　地铁对城市发展的改造和促进作用

优先发展以轨道交通为骨干的城市公共交通系统，来解决城市的交通和土地问题，已成为世界各国的共识。这是根据 20 世纪发达国家发展城市交通正反两方面经验所得出的结论。

地铁是城市轨道交通系统的一类，大多数的城市轨道交通系统在城市中心的路段都会铺在地下挖掘的隧道里，这些系统亦称为地下铁路，简称地下铁或地铁，在我国台湾则称作"捷运"（Mass Rapid Transit，简称 MRT）。

4.2.1　城市地铁建设的意义

地铁给人们带来的是快捷、便利、有序的交通和良好的乘车环境，使人们更多地感受到生活质量的提高和享受。地铁以无法比拟的优越性，成为解决时间集中、客流量特大城市交通问题的理想方式。地铁像奔流在城市地下的动脉，昼夜不息地为城市注入生机与活力。地铁俨然成为一个城市实力发展的象征。地铁给人类文明注入新的活力，带给现代都市的变化涉及各个领域，观念更新、文化多元、生活丰富、经济繁荣……

(1) 地铁加速城市现代化

城市现代化是城市诸多系统功能的综合反映，而地铁对加速城市现代化建设具有加速器的作用。地铁将是一个浓缩艺术的轨道，奔流着人们的梦想；地铁将成为一个文明的容器，承载起人类的风度与涵养；地铁将成为一个魔法石，让文化的新贵——地铁文化，变得五彩缤纷(图 4-4)。

图 4-4　具有现代感的毕尔巴鄂地铁

(2)推进地铁文化发展

地铁的发展,已超出单一的交通运输的作用,正在逐步体现它的艺术价值。最早体现地铁建筑文化的是巴黎,巴黎别出心裁地设计了地铁站台,把罗浮宫站(图 4-5)的站台仿效成博物馆,做成艺术品的世界。地铁也悄悄地扮演音乐舞台的角色,成为城市的又一风景线,不仅在经济方面带动城市的发展,同时在城市形象、城市文化方面也成了前沿窗口。地铁的发展是人类发展的一个写照,它的"城市动脉"和"城市文化"的特征会越来越显著,会更好地诠释都市的发展、居民的生活。

图 4-5　罗浮宫

(3)地铁优化城市布局,引领城市发展格局

城市地下轨道交通的发展,对城市功能的合理布局如城市规划、交通、经济乃至社会环境等,能够起到重要的作用。地铁线路带动城市发展,有助于合理优化城市资源,调整城市发展方向和布局,从而加速城市化进程。地铁作为大容量、高效率的城市客运系统,还将带来城市资源的重新优化配置,工作、生活、休闲、娱乐、购物等各个城市功能分区将日益明确、合理。

随着大城市人口的增长,市中心的人口向郊区的卫星城分流,卫星城发展的根本,就是要解决市区和卫星城之间的公共交通问题,而在整个公共运输系统中,最佳的方式莫过于地铁了。地铁是解决大城市交通问题的重要方式,这已经成为世界各国建设专家的共识。

地铁通车先于城市开发,这种模式创新了城市发展的可能性。用轨道交通引领城市发展格局已成为未来发展的一个新理念,地铁随着城市扩张应运而生,地铁的延伸又助推了城市空间的扩张。

"地铁建到哪儿,城市扩到哪儿",地铁小镇就是一个很好的例证。地铁小镇是一种以公共交通为导向的开发模式，以地铁、轻轨等轨道交通及巴士干线为主要交通方式，以公交站点为中心、以 5 ～ 10min 步行路程为半径建立集工作、商业、文化、教育、居住等为一体的城区。

南京首个地铁小镇——青龙国际社区，位于两条河流环绕，山林、草地、湖泊、湿地共生的地带，同时，两条地铁线环绕，五座地铁站聚集。由于距离主城较远，这片区域一直缺乏开发，而如今地铁大大缩短了其与主城区的距离，一个“世外桃源”呼之欲出：疏密有致的住宅楼，医疗发达的养老机构，文化创意、假日休闲、综合服务特色站点……这个面积 $20km^2$、规划人口 18 万的地铁小镇建成之后，适合“银发一族”休闲养老，相对较低的房价、多层次的产业布局也适合初次置业的“夹心层”安居乐业。

目前武汉、南京等城市试水地铁小镇模式，效果良好。武汉将依托地铁线网及站点，打造统一协调、特色鲜明的六大地铁小镇，覆盖五个新城区。坐地铁 30 ～ 40min 即可进城。地铁小镇既相对独立，又便捷通勤，依托地铁轴向布局，克服了城市圈层式扩张的积弊，缓解主城区压力又带动周边，让城市发展更加均衡。城市发展方向和布局如图 4-6 所示。

图 4-6　城市发展方向和布局

(4) 地铁加速城市经济发展，提高人民生活水平

生活空间就是地铁的时间。地铁延伸到哪里，生活的空间就延伸到哪里。地铁改变了时间，“距离不是距离，时间才是距离”。地铁将改变人们的“区位”概念，把地理位置变成准确的时间距离。

地铁革新生活方式。无论在国外还是国内，乘地铁出行，图的是方便与快捷，是生活概念与生活方式的延伸。“上下班乘地铁，周末休闲驾车游”是地铁城市居民生活典型的出行方式。

21 世纪将是地铁线路在发展中国家成网的时期。地下空间的开发利用是历史发展的必然趋势，将极大地促进城市发展。21 世纪将是地下空间开发利用的世纪。

国外有专家提出："到 21 世纪末，将有三分之一的人在一昼夜的不同时间里到地下去活动。" 据预测，2050 年世界人口将达到 93 亿，中国人口将达到 15 亿，如果城市化率按 65% 计算，将有 9.75 亿人居住在城市。

地铁的发展，除解决城市交通拥堵，发挥城市轨道交通的基础性功能外，将更大地发挥引导城市结构优化、建设生态城市的先导性功能，地铁也将促进城市地下空间大开发。

1990 年，上海地铁 1 号线破土动工，1995 年建成投入运营，实现了上海轨道交通零的突破。从此上海轨道交通步入了飞速发展期。

2007 年以来，上海轨道交通建设陆续建成和投入使用洋山深水港区三期工程、浦东国际机场二期工程、虹桥国际机场综合交通枢纽以及沪宁城际铁路、沪杭客运专线、金山铁路等，轨道交通运营线路从 2007 年的 263km 增加到 2016 年的开通线路 14 条（1 ～ 13 号线、16 号线），全网运营线路总长 617km，车站 366 座（不含上海磁悬浮示范运营线），并有 5 条线路延伸规划、4 条线路新建计划。

到 2020 年底，上海将形成总规模 18 条线路（其中 12 条穿越黄浦江）、500 余座车站、总里程约 800km 的庞大轨道交通路网。

4.2.2 城市地铁的效益

（1）地铁的直接效益

地铁一定程度上节省了人们走行的费用，使两地之间的输送时间明显缩短，同时增加了乘坐公共交通的舒适度。由于地铁独特的、相对封闭的运营模式，使交通事故的发生率大幅度降低。与一般地面交通相比，地铁绝大部分在地下运行，对地面占用较少，即使在地面运行部分，由于其运输能力大，单位人公里占用土地面积减少，也节约了城市用地。

（2）地铁的间接效益

成熟化的城市，往往在已有的中心区发展潜力有限，需要不断地扩充其影响范围，形成多个卫星城，而地铁途经的区域往往会迅速升值，成为新的城市中心，从而对整个区域的发展起到巨大的促进作用。地铁使交通运输更趋于合理化，提升了城市环境的美化指数。地铁建造需要大量的劳动力：建造过程中会消耗大量物资，而这些物资又需要工人来生产；另外地铁线路运营之后需要大量从业人员，从而增加了社会就业。

地铁可以加速城市经济发展，提高人民生活水平，体现历史文化，反映科学技术水平。

4.3 地铁线路的规划设计

4.3.1 地铁线路设计内容

(1)地铁线路的组成

线路是列车运行的基础(与一般铁路一样)。线路由路基、隧道、车站、轨道组成一个整体结构。根据运行作用,线路可以分为正线、辅助线、车辆线。

①正线。载客运营线路,行车速度高、密度大、安全、舒适,标准要求高。

②辅助线。保证正线运营而配置的线路,速度低、线路标准低,一般不行驶载客车辆。

③车辆线。车厂区作业线路,满足车厂区作业要求,行车速度较低。

(2)线路设计需重点考虑的要素

①线路平面。线路平面是线路中心线在水平面上的投影。线路的平面位置(包括车站)应尽可能与地面交通相对应,采用直线,减少弯曲率。

②埋深确定。埋深与平面位置综合考虑以下因素:

a. 地面建筑、地下管线和其他地下建筑物的现状与规划;

b. 工程地质与水文地质条件;

c. 地铁结构与施工方法、运营要求和与地面接轨要求(例如:武汉地铁,过江与轻轨相接,不能太深)。

(3)地铁线路总体设计阶段划分

线路设计主要分工程可行性研究阶段、初步设计阶段、施工图设计阶段三个阶段。

①工程可行性研究阶段。收集勘测以下资料:

a. 沿线地形图;

b. 地下管线综合图;

c. 道路规划红线图;

d. 沿线建筑物布置资料;

e. 规划拟建建筑物资料;

f. 控制建筑物坐标资料;

g. 地质资料。

根据上述资料,对设计项目的重大方案进行原则论证、比选和落实。

②初步设计阶段。工作内容如下:

a. 对比选确定的设计方案进行技术论证，确定线位、站点；

b. 计算工程量；

c. 编制工程筹划；

d. 编制工程概算。

③施工图设计阶段。工作内容如下：

a. 编制施工详图；

b. 落实施工措施；

c. 编制招标文件。

4.3.2 地铁设计原则

（1）线路设计原则

①线路走向应符合城市总体规划和线网规划的要求，根据线网规划预留线路未来发展、衔接的条件。

②线路及车站位置应尽可能与城市现有道路和规划道路相结合。以减少对城市规划地块的分割，穿越街坊地带应考虑与城市改造和综合开发相结合。

③车站设置应与线网、城市道路网及公共交通网相结合。尽量将车站设置在大型客流集散点或者是主要道路的交叉口或与居住区结合较好的位置，以有利于最大限度地吸引客流，减轻地面交通的压力，方便乘客出行。

④线路与线网中其他线路的衔接方式应在满足功能要求的前提下，综合考虑工程实施中的多种因素，合理确定。

⑤根据工程所处地理位置、工程地质、水文地质条件及地面交通要求等情况，合理选择线路位置及线路埋深，减少地铁施工过程中对现状房屋等建筑及管线的拆迁和城市交通的干扰，以节省建设投资、降低工程造价及运营成本。

⑥地下区间线路必须穿过地面构筑物与住宅区时，在条件允许的情况下，宜适当增加埋深，以利减振、降噪，减小对地面建筑物的干扰。

⑦在城市规划发展区，考虑以车站为中心进行开发，以促进客流的增长。

（2）地铁车站设计原则

①车站总体布置应符合城市规划、城市交通规划、环境保护和城市景观的要求，最大限度地吸引客流。车站设计应以人为本，实现乘降安全、疏导迅速、环境舒适、布置紧凑、便于管理的基本功能要求，并融入现代设计理念。

②车站设计应妥善处理城市交通、地面建筑（规划建筑）、地下管线（规划管线）、地下构

筑物的相互关系，做好综合平衡，尽量减少房屋拆迁、管线迁移和施工时对地面建筑物、城市交通、商业活动及市民的影响。

③车站设计应根据实际情况和需求，结合车站和过街客流组织，充分利用地下、地上空间，进行综合开发。与车站合建或与车站相连通的物业开发、过街人行道、地下步行街以及商店等公共建(构)筑物应分别按有关规范要求采取防火措施。

④在满足城市规划控制要求前提下，地下车站的埋设深度应尽量减小，以降低车站造价；车站的出入口、风亭位置应配合城市道路、建筑、公交的规划和环境保护的要求进行布设，有条件时尽量与地面建筑合建，无条件的尽量采用敞口风亭以减小对周边景观的影响。

⑤车站规模应根据近、远期最大设计客流量、行车密度和车站本身行车管理、设备用房的需要来控制，并按远期预测客流和行车密度进行核算。设计客流按远期高峰小时的客流量，并考虑高峰小时内乘客的不均匀性，计入超高峰系数，取超高峰系数 1.1 ～ 1.4。突发客流较大的车站视实际情况而定。

⑥车站设计应合理组织客流，减少交叉干扰，保证乘客方便进站、迅速出站。站厅、站台、通道、出入口、自动扶梯、楼梯、售检票等设备通过能力与客流相匹配，满足事故紧急疏散客流的需要。出入口与站厅的连通处，应保证有足够的集散面积，每个出入口的宽度应与其分向客流相匹配。

⑦换乘车站应做好规划设计，对换乘方式、换乘距离和换乘时间等方面进行综合评价。在工程实施中，属近期建设的车站，其换乘节点的土建工程宜一次建成，统一利用两站地下空间和设备资源共享。属远期建设的车站，宜作预留换乘条件和后期施工条件。

⑧全线考虑无障碍设计，设置导盲道、无障碍电梯、残疾人专用厕所等。

⑨车站平面设计应功能分区合理、布局紧凑，并便于运营管理和设备布置，车站内应具有良好的通风、照明、卫生、防灾等条件。

⑩车站装修设计应简洁、明快、美观、大方，广泛采用新工艺、新材料、新技术，以体现现代交通建筑的特点，同时应满足防火、防潮、防腐、耐擦洗及便于维修的要求。地下车站的站台层应强调可识别性，地面、高架车站应强调通透性，并与周边环境或城市景观相协调。

⑪车站设计应符合《地铁设计规范》(GB 50157—2013)、《建筑设计防火规范》(GB 50016—2014)、《公共建筑节能设计标准》(GB 50189—2015) 及其国家和地方的有关标准、规范的要求。

⑫结构设计以及其他专业方面应基本遵循的原则。

（3）设计接口

应贯彻工程建设服务运营的理念，从功能、安全、经济、可实施性等方面论证设计方案的合理性，处理好设计与投资、设计与功能、设计与征迁、设计与交通疏解、设计与造价管理、设计与资源开发、设计与城市形象、设计与城市功能（过街通道、互通互联）、设计与质量安全进度、设计与运营管理的关系。

做好与城市主要现状道路及规划道路、城市主要客流集散和交通枢纽点的衔接；做好建筑物（构筑物）、管线、人防工程，规划线网及线路的平面曲线、竖曲线的衔接（图 4-7）；做好车辆段、折返线、存车线和联络线的连接。

图 4-7　平面曲线的衔接

4.3.3　地铁限界设计

（1）基本概念

①限界：指地铁行车中各种设备、车辆、建筑物布置所需的限制边界，是确定运行和设备相互位置的依据，设计中的重要技术指标（图 4-8）。

②确定原则：根据有关构筑物净空的大小、各种设备相互位置，综合车辆性能、线路特性、设备安装和施工技术等因素，通过经济技术综合比较确定。

（2）限界种类

①车辆限界：即车辆尺寸，指车辆运行中横断面的极限位置，车辆任何部分都不允许超出限界之外。车辆限界是各种限界中最关键的一环。

②设备限界：即安全预留量，指在车辆限界的基础上，考虑轨道的轨距、水平、方向、高低等在某段出现的最大允许误差时，引起车辆的附加偏移量或者叫安全预留量。

③建筑限界：即建筑最大空间尺寸，指隧道内垂直于线路中心线的最小有效的隧道净空。任何建筑物的突出部分都不得侵入。

④接触轨限界：即受流器安置净空，指设在设备限界范围内，用以控制接触轨的规定结构和防护罩的安全，以及能容纳受流器安全工作状态下所需要的净空。

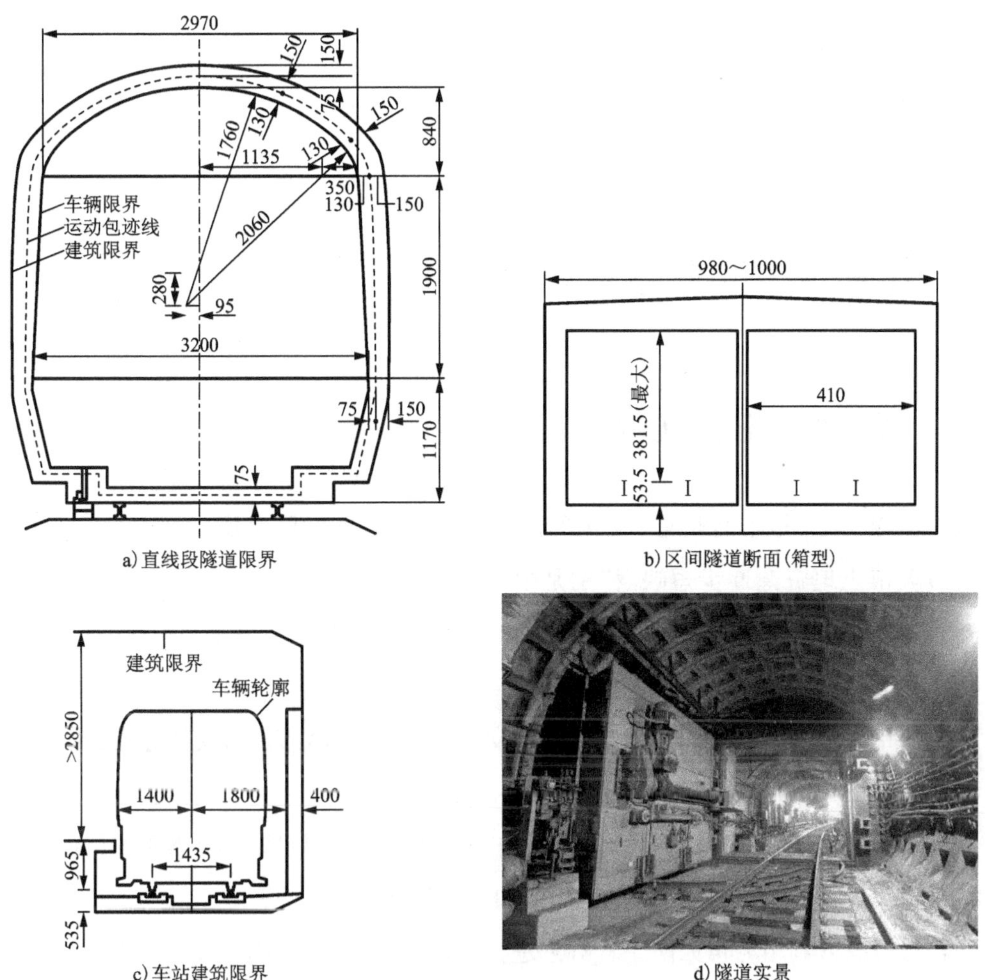

图4-8 地铁限界(尺寸单位:mm)

第5章 城市地下空间商业开发

5.1 城市地下商业基本概念

5.1.1 城市地下商业发展的原因

近些年来,城市地下商业迎来较大的发展机遇和广阔的发展前景,主要原因如下:

(1)城市土地资源逐步短缺,特别是中心城市中心地段土地资源的严重匮乏,必然促使中心城区的商业向地下空间拓展,城市中心的地产开发将由“地上地”转而发展到“地下地”。

(2)城市人口急剧增多以及由此带来的交通拥堵,使得城市轨道交通建设突飞猛进,同时也给地下商业带来前所未有的机遇。

(3)依靠城市地下商业的开发,是解决城市发展许多瓶颈问题的有效手段,例如通过建设地下商业街来疏导地面人群,达到交通便利和美化城市的目的。

(4)可以有效利用城市人防工程规划进行城市综合建设。目前中国大城市中人防工程总面积多数超百万平方米,有效进行战防结合的综合城市地下空间开发,也已成为城市建设的主要方式之一。

从地段上看,地下商业街通常选址于大中城市闹市区、传统商业核心地段,以及市民广场等行政文化中心,人流充足、商业气氛浓厚、辐射力强。这些地段的地下商业只要善于整合资源,就会与地上商业融为一体,形成能量强劲的磁场效应。另外,部分中心城市的写字楼集中区域,也有地下商业街。

从交通上看,地下商业街通常位于地铁站出入口区域、火车站站前广场、地下人行通道沿线等市政交通设施附近。特别是地铁站出入口地带,是地下商业开发选址的最佳。

5.1.2　城市地下商业的特点

（1）区位特点

城市核心区是城市空间最拥挤、地价最高的区段，地下空间开发的需求最为迫切，经济效益最高。因此，各个城市的核心区、商业中心区、新建或改造的地区中心等，一般都是地下空间开发的重点区域。地下商业设施空间处于这类区域之中，具有完善的配套设施、浓郁的商业氛围、大量且稳定的客源基础。

城市地下商业设施空间伴随着地铁建设已快速发展，为了获得客流，多数地下商业设施空间也均围绕地铁车站或紧邻其他交通站点建设，使其具有十分便利的交通条件。

（2）客流特点

商场客流组成与其商品结构有关，但为了吸引更多的消费者，在确定商品结构之前，必须对商业设施空间周边潜在客源特点进行分析。

地下商业设施空间往往地处城市中心区，紧邻地铁车站，过往行人大多是在中心区工作的人员，或者是居住在周围小区乘坐地铁上下班的人群。另外，较快接受新事物又喜欢探索的学生群体也是出入地下商场的主力军。根据对广州地铁沿线地下商业空间客流组成的调查反映，上班族和学生族占到总客流量的 60% 以上，并且超过 90% 的顾客年龄在 40 岁以下。

（3）环境特点

地下商业设施空间营造的是一个室内的购物环境，与露天的商业街相比，它具有防雨、防晒、冬暖夏凉等不受天气影响的优势。而且，室内环境不受车辆交通影响，相对较安全、舒适，无须忍受汽车尾气和交通噪声的干扰。在气候较恶劣或地面车行交通较繁忙的地区，相互连接成片的地下商业设施空间要比地面沿街商业更受市民的青睐。但地下商业设施空间与其他地下空间一样，具有一定的封闭性，其内部自然通风差，难以见到阳光，若通风和采光处理不当，人身处其中容易产生封闭感，甚至不安全感，从而使时间感和方向感变差。这些缺点使得地下商业难以吸引高端的消费者。

5.1.3　地下商业街的类型

（1）按规模分类

按照建筑面积的大小和其中商店数量的多少，可以分为：小型商业街、中型商业街和大型商业街。

①小型商业街：面积在 3000m^2 以下，商店少于 50 个。这种地下商业街多为车站地下层或大型商业建筑的地下室，由地下通道互相连通而形成。

②中型商业街：面积 3000 ～ 10000m²，商店 30 ～ 100 个，多为小型地下商业街的扩大，从地下室向外延伸，与更多的地下室相连通。

③大型商业街：面积大于 10000m²，商店数在 100 个以上。这种类型的商业街大致又有三种情况：第一种是百万人以上大城市的广场或街道下面的地下街；第二种是以车站建筑的地下层为主的地下街，加上与之相连通的地下室；第三种情况是上面两种情况复合而成的规模非常大的地下商业街。

（2）按形态分类

按照地下商业街所在位置和平面形状，可以分为街道型商业街、广场型商业街和复合型商业街。

①街道型商业街：多处在城市中心区较宽阔的主干道下，为狭长形。这类地下商业街兼做地下步行通道的较多，也有的与过街横通道结合，一般都有地铁线路通过，停车的需求量也较大。

②广场型商业街：一般位于车站前的广场下，与车站或在地下连通，或出站后再进入地下商业街。广场型地下商业街平面接近矩形，特点是客流量大，停车需求量大，地下商业街主要起将地面人流与车流分流的作用。

③复合型商业街：即街道型与广场型的复合，兼有两者的特点，规模庞大，内部布置较复杂。

5.1.4 城市地下商业街的功能

城市地下商业街的功能主要表现以下四个方面：

（1）城市交通功能

①从地下商业街的基本类型和形态，可以明显看出其在城市交通中的作用。地下商业街所在的广场主要在车站前或附近，街道则多在城市中心区较宽阔的地面主干道下。这些位置都是地面交通量大、停车需求量大、行人与车辆最容易混杂的地方，也常常是地上交通与地下交通网的转换枢纽。因此在这些地方建设地下商业街，改善交通就成为最主要的目的。

②城市中的交通矛盾尽管表现为各种现象，但核心问题是车速下降和阻滞时长。因此，除了修建一定数量的高架或高速公路外，发展地铁，兴建与地下商业街结合的地下步行道和地下停车场，就可以在少增扩城市道路的条件下使地面交通得到改善。由于在地下换乘、在地下购物、在地下通行、在地下停车、就自然吸引大量人流到地下空间中活动，就可缓解地面上的人车混杂问题和交通拥堵问题。

（2）对城市商业的补充作用

商业设施在地下建筑中一般占 1/4 左右，面积相对并不很多，但却是经济效益最高的部分，社会效益也很显著。从总体上看，地下街商业在整个城市商业中所占比重是很小的，因为相对于整个城市，地下建筑的数量和规模毕竟是有限的。但地下商业街对于广大消费者具有很强的吸引力，因为那里方便、舒适，特别是不受气候条件对购物的影响，对整个城市的商业有补充作用。

（3）在改善城市环境上的作用

城市是一个大环境，空气、阳光、绿地、水面、气候、空间、交通状况、人口密度、建筑密度等，都对城市环境质量的高低产生影响。地下建筑虽然并不涉及以上所有因素，但是由于城市再开发和地下空间的建设，使城市面貌有很大的改观、分流地面上的人流、车流，使路边停车减少，开敞空间扩大，绿地增加，小气候得以改善等，这对改善城市综合环境的效果是相当明显的。

（4）防灾功能

与地面空间相比，地下空间具有对多种城市灾害防护能力强的优势；在相连通的地下空间，机动性较强，有利于长时间的抗灾救灾。地下空间在城市防灾中的主要作用是抗御在地面上难以防护的灾害（例如核武器的袭击），在地面上受到严重破坏后保存部分城市功能和灾后恢复能力，同时与地面上的防灾空间（例如广场、空地等）相配合，为居民提供安全的应急避难场所。

5.2　地下商业建筑设计

5.2.1　建筑功能构成

（1）地下商业街系统组成

地下商业街的主要功能和作用是缓解城市繁华地带的土地资源紧缺、交通拥挤、服务设施缺乏的矛盾。广义来讲，它包括的内容较多，由许多不同领域、不同功能的地下空间建筑组合在一起。但就目前的状况看，地下商业街开发主要由以下几个系统组成：

①地下步行道系统，包括出入口、连接通道（地下室、地铁车站）、广场、步行通道、垂直交通设施等。

②地下营业系统，如商业步行街、文化娱乐步行街、食品餐饮步行街等，可按其使用功能性质进行设计。

③地下机动车运行及存放系统，地下商业街常配置地下停车场及地下快速路，使地面车

辆在通过繁华地带时转地下快速路通过，也可停放在地下停车库内。地下快速路和步行道不宜设在同一层。

（2）地下商业街功能分析

地下商业街的功能组成从规模上划分有很大差别，小型地下商业街功能较单一，仅有步行道和商场及辅助管理用房，而大型地下商业街则包含公路及停车设施、相应防灾及附属用房。小型、中型及大型地下商业街的功能分析如图 5-1 所示。

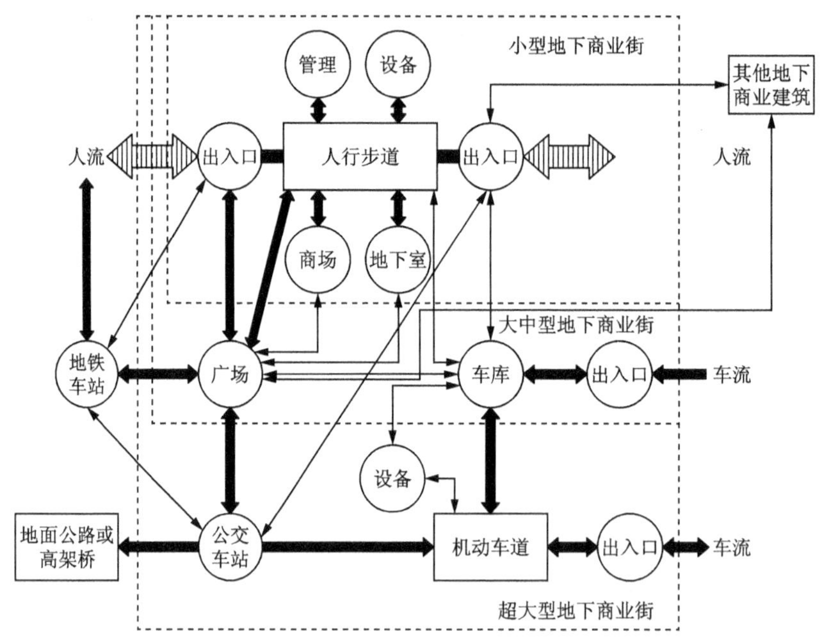

图 5-1　地下商业街功能分析

由功能分析图可以看出，超大型地下商业街是一个人流、车流、综合系统，这种地下商业街就是目前所称的地下综合体。

（3）地下商业街面积组成

地下商业街规划研究涉及的专业面很广，如道路交通、城市规划、建筑设备、防灾防护等，而地下商业街某一组成部分其情况也有差异，一般中小型地下商业街主要由步行道、出入口、商场及附属设施组成。面积分为以下几个主要部分：

①交通面积。交通面积在步行式商店中比较清楚，为了分析方便，厅式商店中两柜台间距扣减 1.2m 为交通面积。这里主要指步行街式商店的交通面积。

②营业用房面积。步行街式商店营业部分为一个个店铺与街道连通。此面积主要指营业用房内面积。

③辅助用房面积。辅助用房主要有仓库、机房、行政管理用房、防灾控制中心用房、卫生间等，此处主要指这些辅助用房的占用面积。

④停车场面积。见地下车库设计。

地下商业街中的营业面积与经济效益有关，在通常情况下，营业面积越大，经济效益就越高，反之则低。

部分地下商业街中各组成部分的面积比例如表 5-1 所示。

地下商业街各组成部分的面积比例　　表 5-1

地下商业街名称		总建筑面积	营业面积		交通面积		辅助面积
			商店	休息厅	水平	垂直	
东京八重洲地下商业街	面积(m^2)	35584	18352	1145	11029	1732	3326
	比例(%)	100	51.6	3.2	31.0	4.9	9.3
大阪虹之町地下商业街	面积(m^2)	29480	14160	1368	8840	1008	4104
	比例(%)	100	48.0	4.6	30.0	3.4	14.0
名古屋中央公园地下商业街	面积(m^2)	20376	9308	256	8272	1260	1280
	比例(%)	100	45.7	1.3	40.6	6.1	6.3
东京歌舞伎町地下商业街	面积(m^2)	15637	6884	—	4114	504	4235
	比例(%)	100	44.0	—	25.7	3.2	27.1
横滨波塔地下商业街	面积(m^2)	19215	10303	140	6485	480	1087
	比例(%)	100	53.6	0.8	33.7	2.5	9.4

由表 5-1 中可以看出，地下商业街中营业面积平均占总建筑面积的 36.2%，辅助面积占总建筑面积的 13.2%，它们之间的比值约为 15∶11∶4。

5.2.2　建筑空间组合

(1)组合原则

①建筑功能紧凑、分区明确。

在进行空间组合时，要根据建筑性质、使用功能、规模、环境等不同特点、不同要求进行分析，使其满足合理的功能要求，此时可借助功能关系图(图 5-2)进行设计。

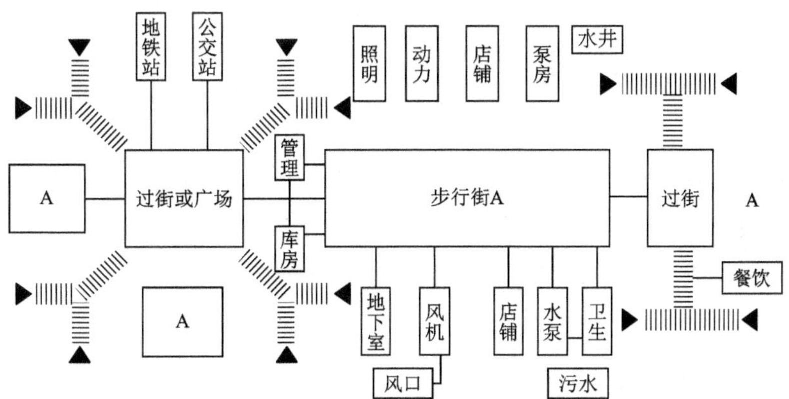

图 5-2　地下商业建筑功能关系图

功能关系图中主要考虑人员流线的关系，通常有十字形地下步行过街及普通非交叉口过街。地下商业街很重要的是人流通行，所以人流通行是地下商业街的主要功能。在步行街两侧可设置店铺等营业性用房。在靠近过街附近设水、电、管理用房，库房和风井则可根据需要按距离设置。

②结构经济合理。

地下商业街结构方案同地面建筑有差别，常做成现浇顶板、墙体、柱，没有外观，只有室内效果。地下商业街结构主要有直墙拱顶、矩形框架和拱平顶结合三种形式，如图 5-3 所示。

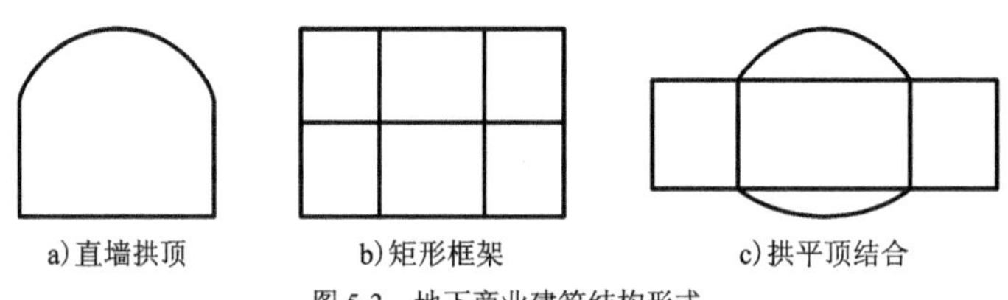

图 5-3　地下商业建筑结构形式

a. 直墙拱顶结构。即墙体为砖或块石砌筑，拱顶为钢筋混凝土，拱形有半圆形、圆弧形、抛物线形等多种形式。此种形式适合单层地下商业街。

b. 矩形框架结构。此种方式采用较多，由于弯矩大，一般采用钢筋混凝土结构，其特点是跨度大，可做成多跨多层形式，中间可用梁柱代替，方便使用，节约材料。

c. 拱平顶结合结构。此种结构顶、底板为现浇钢筋混凝土结构，围护墙为钢筋混凝土或砖石砌筑。

具体采用何种结构类型应根据土质及地下水位状况、建筑功能、层数、埋深、施工方案来确定。

③管线及层数空间组合。

要考虑管线的布置及占用空间的位置，确定建筑竖向是否多层，如有地下公路等也会受到影响。

（2）平面组合方式

地下商业街平面组合方式有以下几种。

①步道式组合。

步道式组合即通过步行道并在其两侧布置房间，常采用三连跨式，中间跨为步行道，两边跨为商业用及辅助房。此种组合有以下几方面的特点：

a. 保证步行人流畅通，且与其他人流交叉少，方便使用。

b. 方向单一，不易迷路。

c. 购物集中，不干扰通行人流。

此种组合方式适合设在不太宽的地下商业街。图 5-4 所示为步道式组合的几种形式。

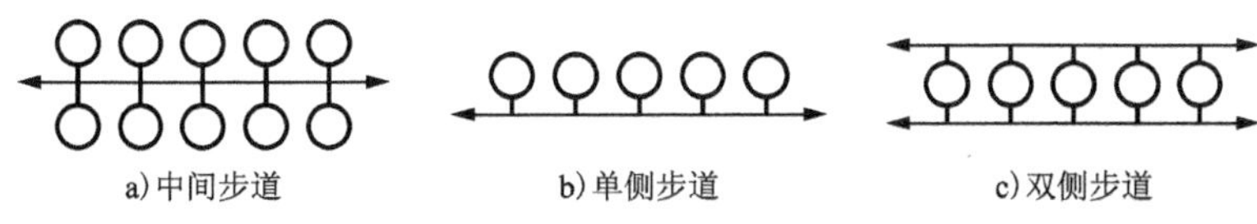

图 5-4　步道式组合的几种形式

②厅式组合。

厅式组合没有特别明确的步行道，其特点是组合灵活，可以在内部划分出人流空间，需要注意的是人流的交通组织，应避免交叉干扰，在应急状态下做到安全疏散。图 5-5 所示为厅式组合示意图。

厅式组合单元常通过出、入口及过街划分，如超过防火区间则以防火区间划分单元。石家庄站前广场地下街也为厅式组合。

③混合式组合。

混合式组合即把厅式组合与步道式组合结合为一体，如图 5-6 所示。混合式组合是地下商业街普遍采用的方式。其主要特点是：

a. 可以结合地面街道与广场布置。

b. 规模大，能有效缓解繁华地段的人、车流拥挤问题，地下空间利用充分。

c. 彻底解决人、车流交叉问题。

d. 功能多且复杂，大多同地铁站、地下停车设施相联系，竖向设计可考虑不同功能。

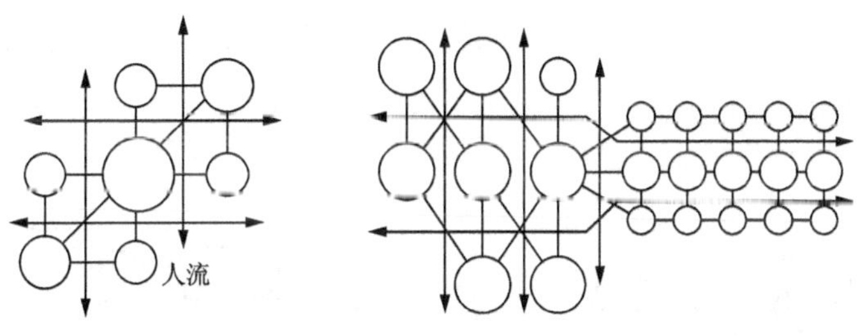

图 5-5　厅式组合示意图　　图 5-6　混合式组合示意图

日本东京八重洲地下商业街如图 5-7 所示，采用混合式组合方式，建造于 20 世纪 60 年代，有市政水、电廊道，并在地下二层设有市区高速公路，而且车辆能直接进入车库。街长 400m、宽 80m，建筑面积 69200m^2，共三层，顶层为商场，中层为车库及地铁，底层为机房，各种管路、线路也都设有单独的廊道。

（3）竖向组合设计

地下商业街的竖向组合比平面组合功能复杂，这是由于地下商业街是为解决人流、车流混杂，市政设施缺乏的问题而出现的。地下商业街竖向组合主要包括：分流及营业功能（或其他经营）；出入就近及过街立交；地下交通设施，如高速路或立交公路、铁路、停车场、地铁车站等；市政管线，如上下水、风井、电缆沟等；出入口楼梯、电梯、坡道、廊道等。

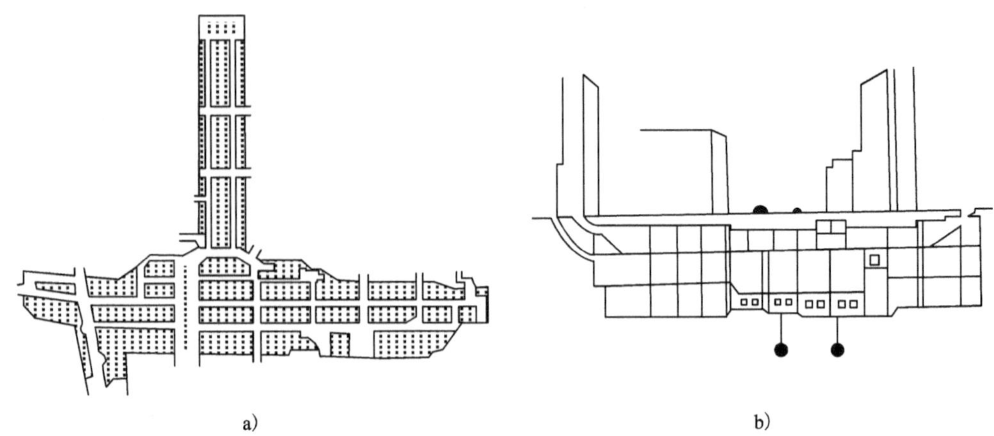

图 5-7 日本八重州地下商业街混合式组合示意图

随着城市的发展，要考虑地下商业街扩建的可能性，必要时应作预留（如共同沟等）。对于不同规模的地下商业街，其组合内容也有差别，具体如下：

①单一功能的竖向组合。

单一功能指地下商业街无论几层均为同一功能，例如上、下两层均可为地下商业街，哈尔滨秋林地下街上下两层均为同一功能商业街，如图 5-8a)所示。

②两种功能的竖向组合。

两种功能主要为步行商业街与车库的组合或步行商业街与其他功能性质（如地铁站）的组合，如图 5-8b)所示。

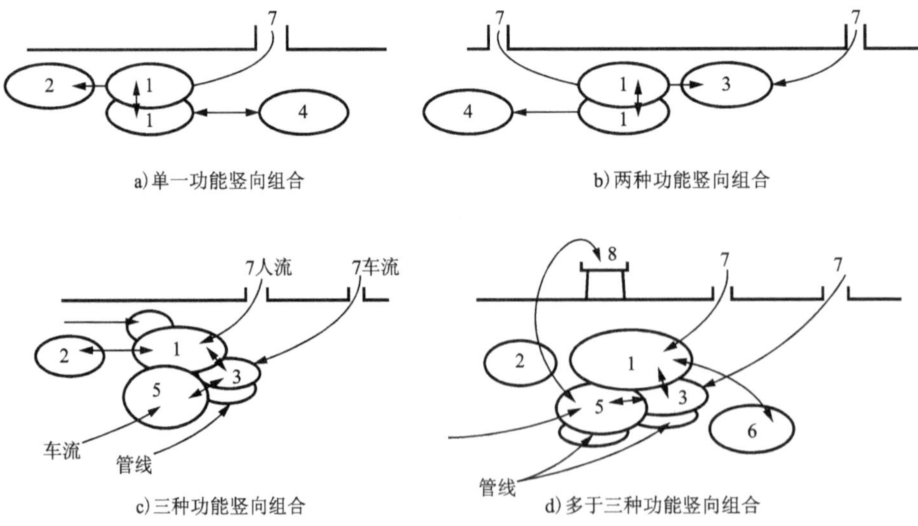

图 5-8 地下商业街多种功能竖向组合示意图

1- 商业街及步行道；2- 附近地下商业街；3- 停车库；4- 地铁站；5- 高速公路；6- 地铁线路（深埋）；7- 出入口；8- 高架公路

③多种功能的竖向组合。

图 5-9a）所示为日本东京歌舞伎町地下商业街，由顶层步行道、商场及中层车库、底层地铁车站三种功能组合在一起。图 5-9b）为单一功能组合的日本横滨戴蒙德地下商业街，两层均为商场及步行道。图 5-9c）为三层三种功能组合的日本大阪虹之町地下商业街，顶层为步行道、商场，中层为地铁中间站台，底层为地铁车站。图 5-9d）为两种功能组合的日本新潟罗莎地下商业街。顶层为步行道、商场，底层为地铁车站。

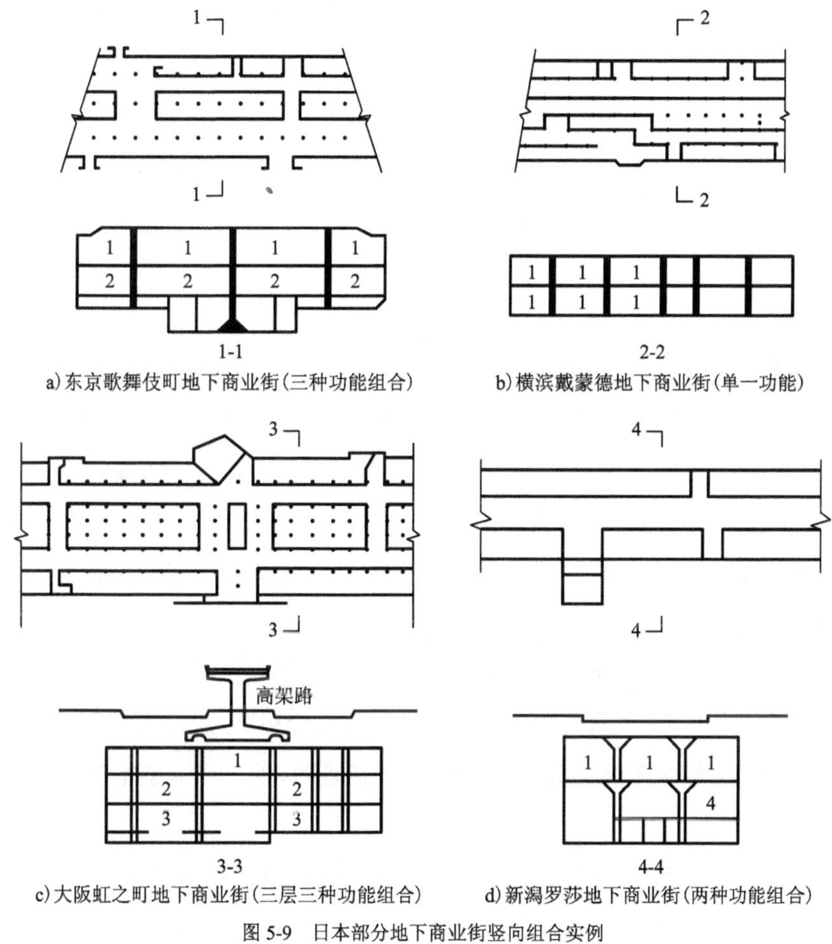

a）东京歌舞伎町地下商业街（三种功能组合）　b）横滨戴蒙德地下商业街（单一功能）

c）大阪虹之町地下商业街（三层三种功能组合）　d）新潟罗莎地下商业街（两种功能组合）

图 5-9　日本部分地下商业街竖向组合实例

1- 商店；2- 停车场；3- 地铁；4- 地铁车站

5.2.3　建筑设计要点

地下商业的建筑设计，主要注重以下三个方面的问题：

①要能吸引人流到地下逛街。

②要让人能够舒适、愉悦的逛街。

③严格执行国家相关标准、规范，并在运营过程制定安全措施。

（1）建筑形式

地下商业物业主要有三种建筑形式。

①长条形状的地下商业街，一般设在核心商业区内一条干道的地下，顺延这条干道，能够与干道上面的商业物业呼应。

②矩形或方块状的地下商业城，类似于将一个只有一层楼的大型商场置于地下。

③混合型的，即一条较长的地下商业街，其两端或中间连着一个块状的地下商业城，三种类型依据实际地形而定。

（2）楼层结构

多数的地下商业物业只有地下一层营业面积，部分有地下两层商业，但一般是由地下二层与地铁相通。但随着大型地铁换乘站项目的不断出现，地下二层的地下商业体也正逐渐增多。

（3）出入口

出入口的设置对地下商业街异常重要。一是因为地下商业项目的形象展示面及广告位都十分有限，出入口要具有突出的昭示性，以起到对外传播项目信息的作用，吸引人气；二是出入口要作为一种景观艺术来设计，要使人感觉便捷、舒适和愉悦，不要给人一种矿井般的恐惧感，如果处理不当可能对项目人流产生致命的阻碍；三是设置多个出入口，使项目四通八达，既能全面导入各个方位的人流，又可在突发事故时紧急疏散密集人群。

（4）动线规划

为了便于客户舒适游逛，地下商业的动线要尽可能简单，在道路地下设置单动线的商业街是良好的方式。同时，动线的两端要尽可能与地铁直接相通，或与大型商店、办公楼、快速电车站、地下广场、停车场等相联系，以吸引大量人流通过，使之成为繁忙的街道。

（5）防灾措施

地下物业使得人的方向感缺失，加之通风不良、人流密集、货物繁多，发生事故时极易产生骚乱，所以要时刻提防突发事故的发生。防灾是地下商业物业面临的巨大问题，主要包括火灾、震灾和停电三个方面。在这方面，日本各地下商业街都采取了严格措施，例如建筑面积约 14 万 m^2 的东京八重州地下商业街采取了以下措施：

①防火。八重州地下商业街顶部安装了 8000 个烟火感知器，在温度达到 72℃时，会自动洒水灭火。每隔 50m 设一处消火栓，有数十个通达地面的通道。

②防突然停电。出现这种情况，发电设备自动发电，约 1min 后就能正常供电。

③防震。八重州地下商业街采用了各种耐震的建筑构造，同时，地下商业街还制定了各种严格的管理规章制度。

5.2.4　出入口的处理

地下商业街出入口是由地面进入地下的必经之路，主要作用是交通、防火疏散，它是地面景观的一部分，同时也会影响到地下的效果。

地下商业街的出入口设计，最主要是要解决两方面的问题：第一，在形式上，创造显著的建筑形象与清晰的出入口形式。由于地下商业街形体大部分或完全位于地下，出入口实际上是地下建筑中唯一的可见要素，建筑物的外观形象方面起着别的要素所无法替代的作用，人们可以借助清晰的建筑边界与暴露的建筑要素来对建筑的功能、范围有一个大概了解，并能方便地找到出入口。第二，解决人的心理和生理过渡问题，即尽量消除人们在从熟悉的模式景象进入到封闭、光线较暗的地下商业街的过程中产生的心理问题。因此相应地出入口空间形式要多样化，过渡舒适，并为人们提供方便的指引。

（1）处理方式

地下商业街出入口处理方式有棚架式、平卧开敞式、附建式等。各种出入口设置应根据其位置并结合地貌条件考虑。

①平卧开敞式。

当地段狭窄，出入口不宜过大设置时，通常是简单地直接经由露天开敞楼梯或自动扶梯进入地下商业街中，这种形式的出入口称为平卧式出入口，如图 5-10 所示。

②棚架式。

在平卧式露天的垂直入口之上覆以柱子、空间网架及帐篷式结构支撑的屋顶等结构，可使地下商业空间的出入口形象更加明确，并形成一种过渡空间，强化从地上的外部空间到地下的内部空间过渡的感受，这种形式的出入口称为棚架式出入口。图 5-11 所示的棚架式出入口设计成拱形玻璃网罩，上有金属骨膜，表面设计成彩色图案，很容易同“虹”联系起来，能取得一定的艺术效果。

图 5-10　平卧式出入口

图 5-11　棚架式出入口

③附建式

当地下商业街与地铁车站、商场等建筑相毗邻，或其本身具有地上部分时，就可以通过相邻建筑或同一幢建筑的地面部分设置出入口，这种形式的出入口称为附建式出入口。其优点在于它总有一个可见的建筑体量，所以在远处也很容易识别。

（2）出入口造型及设计的基本原则

①在交通道路旁宜设开敞式或棚架式出入口。

②在广场等宽阔地带宜设下沉广场式出入口，同时应结合考虑地面广场的环境改造。

③在大型的交通枢纽及大量人员出入的公共建筑中且用地紧张地段，宜设附建式出入口。

④在考虑特殊用途时，如防护、通信、维修、疏散等，可采用垂直式、天井式及与其他地下空间设施相连接的出入口。

5.3 地下商业环境设计

5.3.1 地下商业环境的设计要点

地下建筑与地面建筑不同之处是地下建筑没有外部造型，因而其空间组合艺术尤为重要。随着时代的发展和进步，在人们的生理需求、心理需求得到满足之后，还有对空间的艺术气息、人文气息等更高层次的需求。这种需求，表现在对地下商业街道色彩与光影、动态与活力、标志与细部等的追求和塑造以及对城市文化和地域特征的传承和体现。此外，生态、自然、艺术空间的营造也是人们精神需求的一种突出表现，人类与自然共生，热爱自然、依附于自然乃人类的本性。因此，现代化、艺术化、商品化的地下商业建筑应具备以下几个因素。

（1）功能综合化

按照现代社会消费需求、生活方式的特点，融购物、餐饮、娱乐、文化、健身、休闲等多种功能为一体，并合理配置。

（2）环境景观化

在保证使用功能的同时，组织环境景观，提供公众交往空间——中庭、环廊、休闲座椅及绿化、水景等。

（3）场所人性化

以顾客为核心，满足消费者的多种要求。使消费者在以购物为主的活动中得到身心多方面的满足。其中包括优雅的环境、良好的空间布局、优质的服务、满意的商品等。创造新颖、有特色的商品陈列环境，突出商品特色，既吸引消费者，又美化购物环境。

（4）购物环境的文化元素

把商业购物环境作为整个社会文化的一个载体，使其能够潜移默化地影响人们的精神世界。购物环境在人与人的交往过程中，会产生一种特殊的商业文化。一些文化性的活动及设施的融入，也会赋予购物环境的文化元素。注重购物环境文化元素的创造与表达，使文化与经济同时演化发展。

5.3.2　地下商业环境的设计方法

创建愉悦的地下购物环境，增强客户逛街的体验感，是实现地下商业价值的必要条件。有些地下商城，环境昏暗，商品杂乱，就像临时拼凑的杂货铺，给人一种假冒伪劣商品集散地的感觉，自然难以经营。目前地下商业街都很注重对空间环境的打造，建成宽阔的街道，街道两旁商店林立，和地面上的街道完全一样。地下空间有充足的光源，光线柔和，有充足的新鲜空气，适宜的湿度和温度，比地面商业物业更舒适，没有地面街道拥挤的车辆、噪声和灰尘。

（1）建筑风格

不少新式地下商业街，采用了欧式的建筑风格，塑造统一别致的外墙面、廊柱、橱窗、灯饰等景观，形成精致、独特的街区风景线，并使整个地下建筑起到商业广告和橱窗的效果。

（2）和谐的比例和尺度

地下商业街的过道要宽敞舒适，一般宽度至少 4m，最宽的达到 7m 以上，同时控制过道的宽度与高度之比小于 3。

（3）采光

地下商业街要有充足的光源，力求做到明亮但不刺眼，不能让消费者有阴暗或者眩晕的感觉。引入天然光线，进行采光设计是解决该问题的主要方式。天窗式、天井式和中庭式采光设计，是引入天然光线的常用方法。有些地下商业街，如深圳丰盛町，汲取了购物中心的设计理念，将地下商业街通道顶部设计成人造天空，给人一种身处露天步行街的自然、舒适之感受。

（4）通风

为了让消费者在地下逛街也很舒适，地下商业街的通风要求很高，某些地下商业街在设计时，甚至量化到了每平方米需要容纳多少客人，从而计算出换新风的频率，尽量让人们感到舒适。

（5）导示

人在地下商业街最容易迷路，引起焦虑和恐惧心绪，不利于逛街和消费。因此，地下商业街的动线要尽可能简单之外，还应设置明细的导示系统，便于客户确立位置感和方向感。

（6）空间的舒透性

在地下商业街的设计中，应采取一些技术措施，最大限度地消除在地下逛街的不良反应，将地下商业街的环境尽可能地营造成与地面空间环境一样的舒适。如上海人民广场的香港名店街的设计中通过入口下沉式广场引入自然光、布置绿化，设置座椅，创造了舒适的活动空间。有些地下商业街除了商店以外还设有各种游乐和休息设施，并用灯光、水、花、树来装饰一些空间，供人们休息、观赏。加之有良好的人工气候，成为人们乐意休息和逗留的地方，从而得到了商业上更大的收益。

日本大阪的虹地下商业街中，道路纵横交错，曲折有致，路心有花圃，店前有树木，交汇处有群雕，拐角必有喷泉，甚至有小桥流水、飞泉瀑布等景致。巨型风景画在灯光烘托下，使人如临其境。在地下商业街，光电技术与建筑艺术的综合使用，使艺术与商业产生了完美的结合效果。

5.4 地下商业建筑防火设计

5.4.1 地下商业建筑防火设计现状及难题

近年来在我国许多大城市结合城市环境和城市地下交通设施的改造，都进行了大规模地下空间的开发利用，地下商业建筑的开发利用在空间形式上更加立体化，在功能上更加复杂化。例如，某火车站广场综合交通枢纽项目，地下二层为停车场，地下一层为集商业、地铁、城际铁路等功能于一体的综合体。

地下商业建筑的规划建设不仅需要与其他建设项目有机地结合起来，而且地下商业建筑内部不同的平面布置，具有不同的空间导向性和识别性，如果空间布局不清晰，就容易使人们迷失方向，影响火灾时的疏散。由于对地下商业建筑的火灾危险性在认识上尚未达到应有的高度，我国地下商业建筑没有相关的规范和标准，《商店建筑设计规范》（JGJ 48—2014）已明显不适应当前发展的需要，现行《建筑设计防火规范》（GB 50016—2014）（以下简称《防火规范》）中关于地下商业建筑部分也没有具体明确的规定，因而地下商业建筑设计上普遍存在缺乏合理的平面布局、可靠的防火分隔措施、内部交通流线组织不流畅和出入口设计不合理等问题。

地下商业建筑的防火设计难点主要表现在以下几方面。

（1）地下商店建筑面积超过 20000m^2 的防火分隔

《防火规范》第 5.3.5 条规定：总建筑面积大于 20000m^2 的地下或半地下商店，应采用无门、窗、洞口的防火墙，用耐火极限不低于 2.00h 的楼板分隔为多个建筑面积不大于 20000m^2 的区域。相邻区域确需局部连通时，应采用下沉式广场等室外开敞空间、防火隔间、避难走道、防烟楼梯间等方式进行连通。

应处理好商业效果和防火分隔措施的矛盾，确定下沉式广场和防火隔间的形式和面积，设置通向下沉广场及防火隔间的疏散楼梯，考虑下沉广场是否可以设置风雨棚及如何设置风雨棚、防火隔间是否设置正压送风系统等问题。

（2）地下商业等开发区域与地铁的防火分隔

《地铁设计规范》（GB 50157—2013）第 28.1.6 条规定“当地铁开发地下商业时，商业区与站厅间应划分成不同的防火分区。”因此，存在是否可以大面积连通的问题，如采用防火卷帘分隔时，防火卷帘是由地铁还是商业部分控制。应考虑商业开发区域可否与地铁站厅层采用敞开楼梯、自动扶梯等上下连通设施的开口部位连通或以中庭共享空间形式进行连通等问题。

（3）地下商店向综合性服务发展

目前，地下商场已向综合性服务发展，如商场内有停车场、咖啡馆、健身俱乐部、美容美体、餐饮、电影院，以及银行、邮政等各种服务设施，形成较大规模的综合性商用地下建筑。因此，存在增加了餐饮、健身俱乐部等功能后，是否仍然能按照地下商店营业厅的要求划分防火分区；地下餐饮场所是否能够使用天然气；商店、电影院、停车场、办公附属用房等总建筑面积大于 20000m^2 时，是否应采用不开设门窗洞口的防火墙分隔等问题。

（4）地下商业建筑疏散通道和出入口

地下商业建筑内部格局复杂，使购物、娱乐人群经常分辨不清方向，特别是环形地下商城，给购物人员造成的方向性模糊程度更为严重；通道和出口设计为单向或尽端型，甚至在有些不该设置柜台的地方增设柜台或设临时促销货架，挤占通道或出口，严重影响安全疏散；地下商业建筑出入口镶嵌在地面建筑内时，存在如何解决疏散楼梯间在首层设置直通室外出口的问题。

5.4.2　地下商业建筑防火设计的研究

（1）结合平面功能布局采取防火分隔措施

①分析商业功能和用途，尽可能在仓储、卸货、附属办公等其他功能和商业空间之间采取不开设门、窗、洞口的防火墙分隔，采用防烟楼梯间和防火隔间等形式局部连通。例如，某商城地下一层原设计一期为沃尔玛超市，约 20500m^2，通过“瓶颈”空间与三期步行街区域连通（瓶颈宽约 20m、深 15m），左右两侧为防火墙。由于“瓶颈”不仅不能够满足规范要求，而且不利于商业效果，因此后续调整设计，把沃尔玛的仓储区与营业区采用防烟楼梯间和防火

隔间形式分隔，利用室外下沉广场作为一期与三期的局部连通。

②地下商业建筑相互贯通，纵深大，甚至各部分属于不同的业主开发，平面布局缺乏整体的规划和协调，容易造成防火分隔和出入口设计与商业效果之间的矛盾。因此，整体分析地下建筑的使用功能，尽可能利用下沉广场、通道等容易采取防火分隔措施的部位，整体规划地下商业空间的防火分隔。

③确定地下商店与超过 20000m^2 防火分隔措施时，应当将商店、电影院、餐饮、地铁站台、商店辅助功能用房等的建筑面积总和计算。能够采用防火墙和少量的甲级防火门与地下商店区完全分隔，且疏散完全独立的车库、办公等区域，建筑面积可不计算。这样能够更有效地控制火灾蔓延。

④地下商业建筑应当结合使用性质正确地划分防火分区。健身房、美容院等非歌舞娱乐游艺放映场所性质的公共场所，无明火的餐饮、茶室等可以与商店布置在同一防火分区内，歌舞娱乐场所、有明火的餐饮场所、电影院等应形成独立的防火分区，并应满足《防火规范》等相关规范的要求。餐饮等场所燃气的使用和燃气供给管道的敷设应符合现行国家标准《城镇燃气设计规范》（GB 50028—2006）的有关规定。

（2）正确设计下沉广场和防火隔间

①下沉广场。下沉广场是一个围合式开敞的公共空间，有利于防火分隔和人员疏散。下沉广场的防火设计主要应把握以下几点：

a. 下沉广场规定短边尺寸是必要的，但是圆形、月牙形等不规则的下沉广场很难把握其短边尺寸，可将圆的直径、椭圆或月牙形的短轴作为短边。

b. 规定广场内疏散区的最小净面积，同时还应规定下沉空间疏散区净面积按 5 人 /m^2 计算，人数按相邻最大防火分区 1/2 疏散人数计算，以便使得下沉广场能有足够的人员疏散和滞留的空间。

c. 规定不同防火分区通向下沉式广场安全出口最近边缘之间的水平距离是十分必要的，这个距离一般不应小于 13m，这样能够有效地防止火灾的蔓延和人员疏散的相互干扰。

d. 下沉广场的顶部开口面积不得小于疏散区域净面积，因为通向下沉式广场安全出口或开向下沉广场的商铺疏散门要靠近广场顶部开口投影边界确有困难，所以直线距离不宜大于 15m（参考 4 层以下建筑室外出口距离楼梯间的最小距离）。

e. 下沉广场不宜加设风雨棚，如确需加设雨棚，可按照《人民防空地下室设计规范》（GB 50038—2005）第 3.1.7 条执行。

②防火隔间。防火隔间一般是用防火墙和火灾时能自行关闭的常开式甲级防火门构成的局部连通相邻区域的隔间，主要是起防火分隔的作用，不具备安全疏散的要求。因此，只有在通道或狭窄的连接部位使用防火隔间分隔较为有效。

（3）地下商店等开发区与地铁站厅之间应以通道形式连通

地下商店等开发区与地铁站厅（站台）层之间应采取防火分隔措施。

①地下商店等开发区和地铁的疏散体系应分别独立设置，不得相互借用。地下商店等开发区不得利用地铁疏散通道作为火灾情况下人员疏散的出口。

②地下商业开发区与地铁站厅（站台）层应分隔成不同的防火分区，以通道形式相连接，通道内设两道防火卷帘，其距离不应小于 6m，且分别由地铁站厅与开发区分别控制。

③商业开发区与车站站厅公共区呈上、下错层时，严禁采用中庭形式相连通，站厅与商业开发区之间的联络楼（扶）梯间应采取防火分隔措施，在上、下层梯洞口均设防火卷帘，且由地铁站台与开发层分别控制，当站厅层到达站台层穿越商业开发区的穿越空间时，应采用无门、窗、洞口的防火墙分隔。

④当商业开发空间与地下车站站厅公共区全长相接时，地下商店等开发区与地铁站厅（台）层之间临界面应采取防火墙、防火卷帘门、甲级防火门进行分隔，而且每档防火卷帘门的宽度不宜超过 8m，每侧防火墙上相邻防火卷帘门之间应设置宽度不小于 24m 的防火墙。

（4）地下步行街商铺防火分隔，抑制火灾蔓延

地下步行街既要满足商业购物活动的需求，也要保证过街通道畅通，因此需要规定地下步行街过街通道的最小净宽度，限制商铺的面积，商铺之间采取必要的防火分隔措施，形成独立的防火单元，有效抑制火灾的蔓延。另外，过街通道上不得设置固定或流动的货摊和货柜，不得堆放货物和其他与疏散无关的设施。

地下空间的商业开发利用已成为城市建设发展的必然趋势，建设规模日趋庞大，同时不再是单一的购物场所，已经成为具备多元化功能、多样化体验和乐趣的现代商业综合体。这必然大大提升人员的密集度和火灾危险性，给火灾扑救和人员疏散带来了许多难题，因此有效的防火分隔、合理的布局、人性化的疏散设计、必要的消防设施，是地下商业建筑消防安全的有力保障。

5.5　地下商业定位与业态

5.5.1　地下商业的定位

我国的地下商业，由于是在原有的已经成熟的商圈内新增的一个商业体，若直接与成熟商业争抢客源，显而易见将面临很大的困难。寻求新的市场空间，在定位上与地面商业形成

差异化，才能获得市场的关注，赢得客户的青睐。

地下商业的定位，需要聘请专业市场调研分析策划机构进行认真的调研分析，绝对不能想当然或者简单凭主观推断。要用精准的数理分析，搞清楚主题定位与相关诉求的关系。譬如开超市，必须要对周边居住群体的人口数量、消费需求、购物习惯、交通工具等相关信息进行摸底调查分析。例如南京的时尚莱迪地下商业区，依托人防设施改造而成。该项目位于南京的核心商业区——新街口，地上有众多的大型商业项目，并且这些项目定位普遍为中高档项目。但是，在市中心区域，却少有适合追求潮流的年轻人的购物场所。莱迪就把握住了这个市场空缺，围绕“时尚”二字进行定位及运营，大获成功。

目前国内的地下商业区，多数都是定位于中低端、潮流化、女人街等，其中多数地下商业以服饰类主题商城为主，部分新建的大型地下商业城或地下商业街群，也涵盖了百货零售、餐饮、休闲娱乐等多种业态的综合性商业体。例如深圳华强北首个地下商业街——华强乐淘里，一改华强北小铺“大杂烩”的形态，集中多家品牌主力店，包括卡西欧、迪士尼一线潮流名品，以及肯德基、大家乐等餐饮店，打造出华强北首个集主题饮食、特色购物、娱乐休闲于一体的综合性地下商业步行街。而西安钟鼓楼广场的世纪金花购物中心则是国内罕见的以国际知名品牌为定位的高端地下商城。

5.5.2 地下商业的主题与业态

地下商业的主题与业态是整个项目定位的体现，也是向市场展示商业形象，让目标客户群获取对项目感知的载体。一个鲜明的业态主题能给客户留下清晰、深刻的印象，从而吸引其到地下商业场所进行消费。

（1）商业主题要专业或特色鲜明

地下商业物业必须同时具备较强的专业性，这个专业性是指业种的专业性。通过专业业种来吸引地面人群进入地下商业场所进行消费。比如，一个 1 万 m^2 的小型地下商业城，可以做成一个专业市场；又如，一条 1000m 长的地下商业街可以分成 4 个主题的专业街。这样的定位才能避免与地面商业的业态或业种同质化。

一般常见的地下商业业态包括男装、女装、运动装、牛仔装、童装、内衣、针织品、羽绒服、外贸服饰、日韩服饰、鞋帽、箱包、眼镜、饰品、彩妆、美容美发用品、皮革制品、工艺制品、小商品、文化艺术品、车行、家居、快餐、小吃、电玩、桌球、超市、咖啡屋、零食、烘焙坊等。

一般地下商城的面积越小，商业业态就越专业，随着面积的增大和市场容量的限制，业态种类就会相应增多。例如日本大阪虹地下商业街，总面积近 4 万 m^2，囊括了三四百家商店，并有许多餐馆、酒吧、咖啡店，商店出售多种商品，从日常生活用品到高级装饰品，从现代电器到名贵古董等，凡是地上有的商品，地下商业街大体都有。虹地下商业街兼有商业中心、铁路中枢和游览胜地三大功能，如图 5-12 所示。

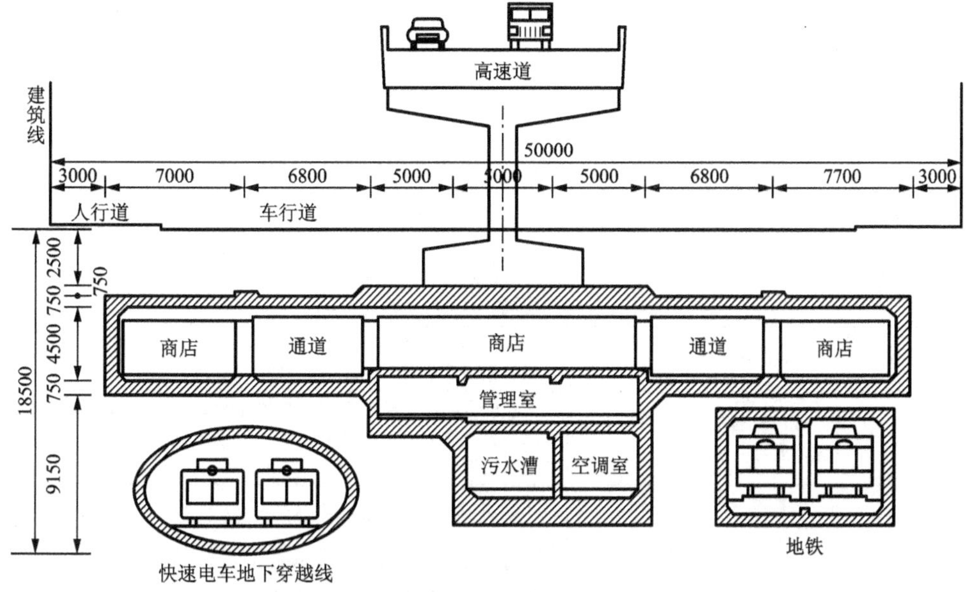

图 5-12　大阪虹地下商业街综合利用分布图（尺寸单位：mm）

（2）新建地下商业街要与商圈内原有业态互补

这种互补包括在业种上的互补，也包括同业种下不同档次或不同风格的互补。地下商业物业必须具备原有商圈内极少或较少有的业态或业种，也就是抓住该商圈里的市场空白点。而且要注意该市场的消费群必须与现有商圈里的消费群大部分能够交叉，这样才能使商业主题有足够的生命力。

5.5.3　地下商业街的开发与经营

（1）不同开发理念的地下商业街

按开发理念的不同属性，地下商业街可分为视为公共建筑与不视为公共建筑两大类。

视地下商业街为公共建筑，其必要的条件为地下商业街须位于公有土地之下，因土地产权的性质，地下商业街在开发之初便具有公共财产的特征。而又可因投资者的不同分为两小类，一种为政府投资兴建与经营，向各商店收取租金；一种为民间团体租用公有土地，自行开发与经营，政府只进行法律的管理与监督。

地下商业街不视为公共建筑，即由地方公共团体或民间资本筹集半数以上资金，自组公司负责土地收购、地下商业街开发与管理，再将地下商业街与地下街或地铁站用地下通道相连通。由于此为民间自主开发行为，土地也非属公共财产，因此不能将此类地下商业街视为公共建筑。

（2）地下商业街开发与经营特征

地下商业街被认知为城市中的“存在于地下的商业空间”，其先天条件与地面商业不同，在开发、经营方面与地面商业街有非常大的差别，表5-2是二者在开发与经营方面的基本比较，二者的差异也决定着地下商业街独特的开发与经营特征。

地下商业街与地面商业街开发与经营方面的基本比较一览 表5-2

类别		地面商业街	地下商业街
开发	开发主体	私人开发为主	政府、民间独资或公私共同合作
	开发土地性质	私有土地	公共用地地下部分为主； 民间开发则以私有土地为主
	产权	产权分散于商家	产权多集中，不分割； 部分地下商业街产权分割至个别商家
	相关配合计划	城市发展政策、城市规划与城市更新	主要配合城市发展政策、城市总体规划、城市更新、城市再生； 另还需配合其他城市建设计划、城市防灾系统、城市步行系统、城市交通系统等开发计划
	投入成本	主要为土地成本，其次为建筑体建构成本	土地成本低，建构成本中同时开发地面与地下主要结构体部分较高
经营	经营管理单位	商业街管理委员会	产权所有者经营或委由专业团队经营； 商业街管理委员会共同参与管理
	政府监督单位	城市管理、建筑管理、商业管理、消防、公共安全等单位	主要由城市管理、建筑管理、人防管理、商业管理、消防、公共安全管理等单位管理； 与其他城市建设共构部分，需加入其管理单位
	管理费用	商店管理费	包括商店管理费与公共环境维持费用
	回收周期	6～8年	10年以上
	经营限制	无特别限制	为安全问题某些业种经营被严格区划； 决定商业形态时亦需考虑周边商业情况

（3）开发特征

地下与地面商业街在开发位置、城市发展需求、结合城市建设等各方面均有不同，也因此形成地下商业街独特的开发特征。

地下商业街的四项开发特征：

①投资资本巨大，开发周期较长。

开发地下商业街需要巨大的资本投入与较长的周期，主要原因是地下街主体大部分为地下空间，结构体建设成本与周期原本就较地面高，加上有可能涉及开挖、地面设施拆除、其他市政设施衔接等，投资额较大；此外，地下商业街多位于地价较高的市中心，亦是另一个导致开发成本较高的原因。

地下商业街开发过程中，尚有因地面开挖使城市管线迁移与重新铺设、地面交通改变、施工期影响城市功能运作等间接成本。因此，地下商业街投资总额应该是总合计算直接成本与间接成本。另外，地下商业街开发周期还可能受同步建设地面的结构体、所衔接的城市环境一体化改造或共构周边地下空间，因而出现开发周期较长的情况。

②需要从城市整体的角度出发。

地下商业街要能满足城市土地空间需求，并形成地下空间的效益供给，首先要考虑到地下商业街本身最适当的服务规模与范围，才能提供城市最大的利益。由于地下商业街空间效益在水平面呈现非均质的分布，会随着步行距离增加产生效益的递减现象，地下商业街垂直面则是对应的地面区位规划，规划是否合理会影响到城市区域的空间效益分配。相较于地面商业街只因城市水平面影响的空间效益，同时被城市垂直与水平面两者所影响的地下商业街开发，更需要从城市整体的角度出发，否则便无法达成城市进行地下商业街的开发预期效益。

③需进行较复杂的界面整合。

城市空间整合需要将两个不同功能空间结合，进行包括结构、动线、设备与空间等的共同利用。而整合界面的困难度，基本和二者的空间性质有密切关联，并与整合的数量成正比。一般商业街很少有机会在功能或空间上与其他城市建设结合，只有立体化开发的步行街与地下商业街，才会需要与城市建设结合。由于地下商业街大多是同时与两种以上不同性质的城市建设整合，也使得其在开发过程中，需要进行更复杂的界面整合，并因此涉及其他的专业领域。

④开发的不可逆性。

在主体建设完成后，地下商业街便很难进行结构体的改动。即使只进行内部空间的修改，也仅能做小规模的局部改动，无法进行大规模的空间布局改变。开发不可逆性的特征，使得地下商业街进行开发之初就需要完备相关协调工作与研究工作，否则未来若要变更使用则需付出很大代价，这也是地下商业街开发的前期准备与论证工作，要比其他类的商业街开发计划做得更详细与全面的主要原因。

（4）经营特征

地下与地面商业街在经营上产生差异的原因，主要是地下商业街管理理念发展与地下商业街为了保持环境正常运作这两个主要因素所导致。

其主要体现在下列四项特征：

①较长的经营回收周期。

地下商业街回收周期通常较地面商业街要长，而地下商业街的回收周期长短与所在城市区域的发展状况有密切关联。基本上，城市中心区域的地下商业街比城市偏僻区域的地下商业街的回收周期短，前面提及的东京八重州地下商业街 10 年就成功回收投资，正是由于其所在区位带来的优势。

维持地下商业街整体正常运作的费用偏高，也是地下商业街回收周期较长的因素。由于与自然环境产生隔绝，包括照明、空调、温度控制等要靠人工方式维持。与地面商业街相仿，地下商业街公共区域维持费用支出也包括在管理费用中，但其与地铁相连时，还需额外负担共同区的公共环境维持费用。

②兼有地面各类商业街特点的经营模式。

在单产权内部空间产权不分售的前提下，地下商业街的经营模式是综合室内商店街与地面商店街的特点所得，因此也使地下商业街兼具二者的经营特征。其中，地下商业街的营业区以店面为单位分别租赁，采用专门管理团队来管理并采用高强制性的管理体制，与地面商业街相同。地下商业街营业区范围外，涉及整体运营及城市公共区域的利益，由商家所组成的管理委员会进行监督，类似于地面商业街。

③众多的上层管理单位。

由于地下商业街同时兼具地下建筑、商业、人防功能与城市公共空间等性质，所以地下商业街涉及复杂的城市管理体系。例如，地下商业街主体与室内部分主要涉及包括建筑管理、消防安全、商业、人防等城市管理系统，由政府所主导开发的地下商业街因为属于城市公共建设，因此会涉及城市建设、城市管理及治安系统的管理与监督，与其他城市建设共同经营的地下商业街，在管理上也连带涉及其他的管理单位。

管理层面的复杂，使地下商业街需要采取统合式的管理模式，设置中间层作为集中端口的管理单位、信息反馈制度与整合管理项目，各单位直接对中间层进行监督，以避免直接面对各管理单位，造成运营上的干扰。

④高额的管理费用。

维持地下商业街管理的费用来源于附属设备的运营所得与各商家所支付的费用。其中商家除基本的租金外，同时需交纳管理费与推广基金。其中，管理费用来支持地下商业街运作环境的费用，推广基金用来进行地下商业街宣传及联合活动策划。此外，尚有维持地下商业街设备的公共基金、设备淘汰换新的准备金等费用。

与地面商业街相比，地下商业街商家需要多付出管理费、推广基金和公共费用；与地面步行街相比，在管理费上的支出多出公共环境的维持费。而就城市发展的角度而言，增设地下商业街应该比地面商业租金的设定为低，通常限定在地面商业租金的平均值以下，甚至可能只有一半左右，但在加入管理费计算后却显得偏高。这种情况也表示地下商业街若不采取有效的商业策略以提高竞争力，只靠地下街所在区位及地铁人潮优势，经营将比地面周边商圈困难。

5.5.4 地下商业街开发的机遇与劣势

(1)没有土地出让金，享受政策优惠，开发成本低

根据目前国内法律规定，开发地下人民防空工程属于公益用途，其商业开发没有被列入

房地产开发，因此不受诸多适用于中国房地产行业的法律、法规、税收及政策的限制，不需要缴纳通常占开发商主要成本的土地出让金及土地增值税，享受政策的支持，所以开发成本比一般房地产项目要低很多。

（2）低成本运作利于快速扩张，抢占市中心稀缺资源

拿到地下人防工程的经营权，土地成本低，利于迅速扩张，快速占领市中心的稀缺资源并快速做大、做强。比如人和商业控股有限公司经过短短几年的运作，就迅速覆盖全国 20 多个大中城市，并有了大量的项目储备。

（3）利润率高

由于地下人防商业的开发成本低，而项目处于繁华地段，租金自然不低，这也就使得开发商能够获得较大的盈利。事实显示，人和商业控股有限公司利润率保持在 58% 左右，收益率甚至比许多著名的房地产公司都要高。据人和商业控股有限公司某年的业绩公告显示，当年上半年净利润同比增长 151.6%。而历史上净利润增长率最高时曾达到 500%。

（4）只有使用权，没有产权，无法抵押贷款

我国现行法律未明确地下建筑物和构筑物的产权关系，地下空间土地出让是参照地上土地出让进行的，地下空间拍卖的是使用权，使用年限为 40 年，是参照商业办公物业制定的。有人防办的小证，可以流通，但由于没有产权，开发商通常无法通过使用权证去银行申请抵押贷款。这是其劣势所在。

（5）国家有权无偿接管人防工程

非战争时期，人防工程的投资者可以开发、经营、管理这些设施，并取得盈利。但战争时期，国家有权无偿接管人民防空工程，用作人民防空洞。

第6章 城市地下空间开发案例分析

6.1 轨道交通地下空间商业开发

随着城市轨道交通网络的不断完善，轨道交通快捷、准时、安全以及运量大的优势在公共交通体系中逐渐显现出来。大量的潜在购物人群在此聚集，以此带来的城市地下空间的商机也越来越受到人们的青睐。

城市轨道交通一般存在初始投资规模大、经营成本高、投资回收期长等问题，容易令投资开发和运营主体陷入财务亏损状况。而交通和商业活动的交叠带来的活力，可使地下商业空间的利用呈现丰富性和适宜性，并能提高地下空间的使用效率。因此，在确保轨道交通安全高效运营管理前提下，拓展综合开发业务，发挥轨道经济的商业价值，为项目带来多元化外延效益，是目前各城市轨道交通运营部门面临的一个重要课题。

6.1.1 开发原则

城市轨道交通的首要职责是保障完善的交通疏导功能，合理组织人流，与公交、出租、步行等多种交通方式相接驳，形成地下和地面相互联系的便捷的立体交通体系，在不影响轨道交通及枢纽日常运营的前提下，利用轨道交通客流优势合理开发商业功能，使其与枢纽的交通功能有机结合。

①在空间上应整体规划，协调统一。处理好枢纽地下空间与周边建筑、道路、管线、环境的关系，提高地下空间资源开发利用的有效性和经济性。

②时间上要整体考虑。枢纽地下空间各组成部分的开发因建设时序的问题往往存在时

间上的差异，不可能全部做到同步开发建设。因此，在前期需要统筹考虑不同时段上功能的独立性和相互间的衔接。

③应遵循以人为本的原则，创造人性化的空间场所。要将消极的地下空间转化为积极的消费场所，满足人们在地上空间中的场所情节，减少旅客地上和地下的空间差异感，在被界定的领域中利用和引导综合交通枢纽形成的巨大客流，为他们提供舒适、愉悦的消费场所，吸引人群进入并停留在地下商业空间消费。

6.1.2　开发模式

地下空间的商业开发模式可分为点式、条式和立体化商业布局模式。城市轨道交通车站及枢纽根据其自身的空间特点，又可分为“回”字形和线形商业布局模式。

（1）点式商业布局

点式商业布局大多位于轨道交通的公共空间部分，如过道、候车点、出入口等设置的商业零售点。多以销售应急商品为主，比如报纸杂志、饮料、电话卡、地图等。这种点式布局的商业网点多由轨道交通运营商经营或出租位置经营，提供一些基本的必要商业服务。轨道交通站厅层商业多以此方式为主。

（2）条式商业布局

条式商业布局多为街道式，店铺经营的主要是快速消费品，比如快餐店、药店、花店、书店、便利店等。这类商业与地铁的关系非常密切，其主要服务目标人群是出入地铁的旅客。

（3）立体化商业布局（附加商业）

立体化商业布局主要指位于轨道交通站附近或与轨道交通站相连接的购物中心、超市等规模较大的商业网点，包括多个楼层的经营空间，其中有一层或两层可直接与轨道交通站通道相连，出入轨道交通站的客流可直接通过专用的通道进入商业区。同时，这类商业由于规模较大，虽然是零售业态，但经营的品种多、范围广，目标消费群体也包括地面行人。

（4）“回”字形商业布局

“回”字形商业布局开发模式是轨道交通站厅商铺和通道商铺空间布局的典型模式，不同职能的商业设施沿着站厅内视野开阔且不易阻滞人员流动的区域布置。

（5）线形辐射式商业布局

线形辐射式商业布局是以轨道交通站点为中心、地下步行通道为纽带，由轨道交通站点核心区向轨道交通沿线及两侧辐射的地下商业开发模式，使站点周边地上与地下商业得到协调发展。

6.1.3 轨道交通空间综合开发介绍

城市轨道交通空间开发可以分为站点周边综合空间开发、车辆段上盖综合开发、停车场上盖综合开发。

从空间位置而言，既有地下车站的地上部分开发，也有以大平台架空进行上盖的开发。

按照主导功能区分，可大致分为交通枢纽型、区域中心型、城市更新型等。

（1）轨道交通车站上盖开发实例——香港九龙城综合体

九龙城上盖的环球贸易广场（Union Square）占地 13.54 万 m^2，总建筑面积达 109 万 m^2。其中包括 18 座住宅大厦、2 座混合用途的住宅、酒店、公寓建筑，面积达 8.5 万 m^2 的购物中心顶层平台，设占地 6.5 万 m^2 的公共空间及休憩绿化区，如图 6-1 所示。交通方面，有一条轨道交通线及机场快线连通市中心与机场，有长短途公交车连通周边及深圳，未来将开通的高铁可直达内地，并提供 5600 个停车位。

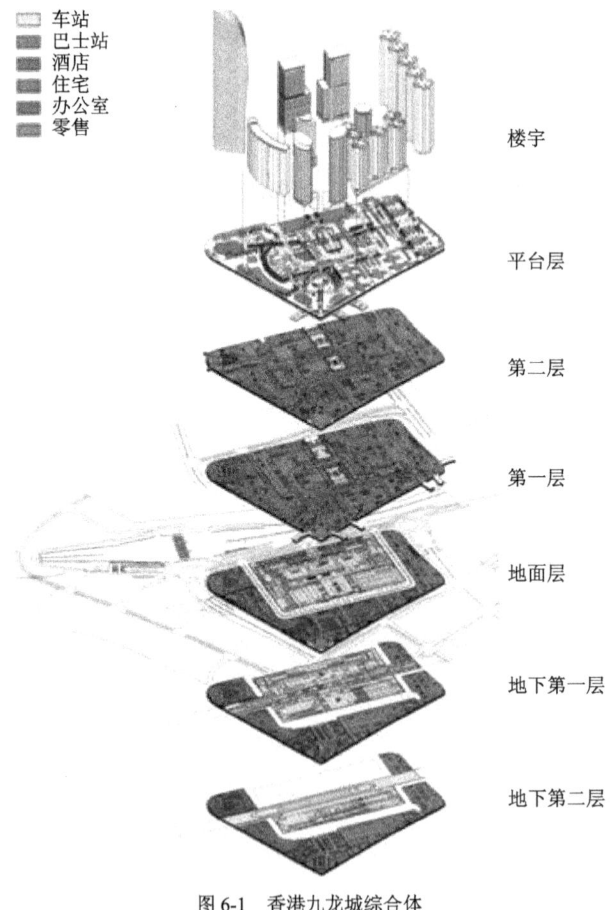

图 6-1　香港九龙城综合体

（2）轨道交通车辆段上盖实例——香港将军澳车辆段

将军澳线于 2002 年通车，其自调景岑开始的末端 4 站是由地铁引导的新市镇区域，其中将军澳站位于中部，肩负起新城中心角色。开发伊始就确定了整体框架，整个上盖开发占地约 35 万 m^2，建筑面积约 165 万 m^2，包括交通枢纽、办公、购物中心、大型社区，并配套有中小学、幼儿园、社区会堂、中央公园等公共设施。整个开发依计划分 9 ～ 14 期循序渐进地建设，其中在第七期建设 5 万 m^2 的中央商场，严格遵循先培育客流后完善配套的市场化路径。

香港将军澳车辆段结构如图 6-2 所示。

图 6-2 香港将军澳车辆段

6.2 以 TOD 为主的城市地下空间开发

6.2.1 以城市公共交通为导向的发展模式

TOD（Transit-Oriented-Development）即“以公共交通为导向”，以土地综合利用为目的的开发模式，其特点是以公共交通为枢纽，综合发展步行化城区。它提倡以公共汽车交通线路辅助城市轨道交通，基于公共交通综合枢纽为圆心，建立半径小于 500m，步行 5 ～ 10min 的城市核心区域(图 6-3)。综合商、住、文、娱等多种功能区，从而实现城市功能的混合与相互激发。

这一概念由新城市主义代表人物彼得•卡尔索尔普提出，是为了解决第二次世界大战后美国城市的无限制蔓延而采取的一种以公共交通为中枢、综合发展的步行化城区。它是一种以土地综合利用为目的的城市开发模式，采取以公共交通为枢纽、综合发展步行化城区的策略(图 6-4)。

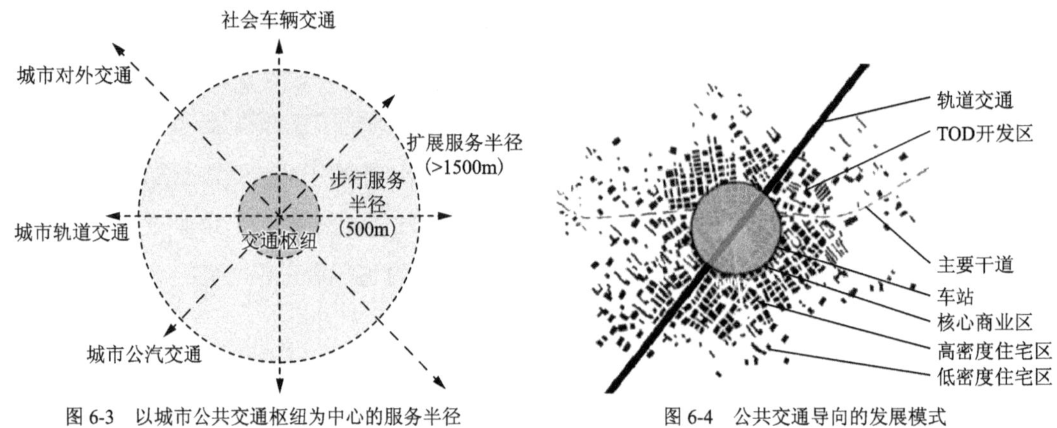

图 6-3　以城市公共交通枢纽为中心的服务半径

图 6-4　公共交通导向的发展模式

其中公共交通指的主要是城市轨道交通及地面公交干线，然后以此类交通的公交站点为中心、以 400 ～ 800m（5 ～ 10min 步行路程）为半径建立集工作、商业、文化、教育、居住等为一体的城区，以实现各个城市组团紧凑型开发的有机协调模式。

TOD 概念引申定义为：依托于大众公交系统的、能够增值的土地综合开发。

TOD 的含义包括：

（1）是城市与公交协同发展的空间模式。

（2）一定有 1+1>2 的增值效应（土地溢价、物业增值）。

（3）增值未必一定要“内部化”，也未必一定要用来做轨道交通 PPP（Public-Private Partnership，政府和社会资本合作）的土地对价模式。

综上，TOD 模式强调三个核心内容：

（1）在枢纽站点地区进行较高强度的开发，形成紧凑的空间形态。增加密度以提高土地利用率，并为区内的商业及其他消费活动提供大量客源。

（2）对土地的混合利用。区内各种功能空间的相互混合可以平衡各类消费，减少跨区出行。同时，商业项目及公共建筑会为周边居民提供生活便利，增加社区生活的多样性。

（3）创造舒适宜人的便捷步行通道，鼓励推行减少私家车出行的政策，并为居民选择公共交通提供良好条件。

公共交通枢纽站点与商业项目之间必须建立紧密的联系，从现实层面来说，为了有效提升区域活力及周边地块的开发，作为区内开发重点的公共交通枢纽站点，其周围需引入充足的商业服务功能。同时，商业空间也无法与便捷的交通及周边开发区带来的大量客流割裂开来。就目前状况而言，国内一些大型城市为满足公共交通的需求，已经开始建设轨道交通，并以此引导城市的开发与建设。在这一点上，创建空间生态型集约城市，正好符合 TOD 的模式特点。

在以公共交通枢纽站点为核心的地段周围建设大量的商业项目，会有助于形成客源充分、富有活力的新型商业中心，并对周围地段的未来发展起到很好的推动作用。

6.2.2　TOD 的研究发展过程

（1）TOD 研究 1.0 版——侧重地块空间方案的 TOD 规划与城市设计

最初的 TOD 规划往往是针对站点周边的地块，把公共交通条件作为给定的边界，进行地块的规划、城市设计或是建筑概念设计。

（2）TOD 研究 2.0 版——DOT+TOD 整合规划设计

DOT（Development-Oriented Transit）的理念，即在进行开发地块的规划和城市设计之前，首先要从开发需求出发，对公共交通设施进行优化布置、合理整合，在此基础上，再开展地块与站点一起的整合规划设计。此理念在空间方案层面大大促进了交通和开发的对接与融合。

（3）TOD 研究 3.0 版——投融资导向的系统 TOD 研究

深圳地铁 6 号线“轨道 + 物业”研究项目，是首个以“轨道 + 物业”模式建设地铁的尝试。深圳市政府拟不再投入资金，而是通过给资源、给政策的办法，将沿线土地开发与轨道项目捆绑，通过 PPP（Public Private Partnership，政府和社会资本合作）的方式建设和运营深圳地铁 6 号线。

（4）TOD 研究 4.0 版—— “TOD+”研究

不再简单地把 “D” 理解成房地产开发，更重要的是要借助轨道交通发展的机会主动引领沿线地区的产业发展和创新生活方式，让更多、更新、更绿色的产业能与轨道交通站点的影响范围复合，打造“TOD+”的城市发展模式。例如智慧城市、产业新城、医疗养老等。

6.2.3　既有案例

（1）香港

香港在 TOD 社区的土地利用形态上取得不错的效果。全香港约有 45% 的人口居住在距离地铁站仅 500m 的范围内，九龙、新九龙以及香港岛更是高达 65%。港岛商务中心内以公共交通枢纽为起点的步行系统四通八达，凡与步行系统相连的建筑，本身就是步行系统的组成部分，其通道层及邻接的楼层通常作为零售商业和娱乐用途，极大地方便了行人。

（2）东京

东京在仅距城市中心半径 20km 的范围内聚集着 800 多万人口。铁路是这个城市最主要的交通方式，也是世界上少数能够盈利的城市铁路系统之一。以 20 世纪 70 年代开发的新宿副中心为例，商业娱乐中心及其周围的办公建筑集中在距铁路车站不足 1km 的范围内，有空中、地下步行通道保护行人免遭汽车和恶劣气候的侵扰。

由于大量活动直接在车站附近完成，轨道交通是人们出入该区域最方便、最常用的交通方式。由城区环形铁路向郊区辐射的铁路沿线有一系列典型的 TOD 社区。大型社区中心围绕车站布置，有景观良好的步行系统从车站中心通往附近的居住区，居民步行和乘公共汽车到铁路车站都很方便。居民到铁路车站的出行总量中，68% 为步行，24% 乘公交汽车，仅有 8% 的人使用私人小汽车。显然，这种用地布局不但能吸引居民远距离出行使用铁路，还能有效地降低社区内部的机动车交通量。

6.2.4 TOD 城市空间打造

（1）多元化的 TOD 公共空间

如果说 TOD 是精细化的工程，那么公共空间的规划、设计与营造，就是 TOD 项目中难以批量化规模生产的重要组成部分。事实上，由于地铁站功能与所处环境不同，每个站点与周边公共空间在主体设计上面临的问题与设计策略也不同。

从规模上划分，轨道站域周边传统意义上的站前空间，会根据站点位置与周边用地类型，呈现出不同形式，如图 6-5 所示。

公共空间类型	规模(m^2)	特　征	案　例
站前口袋公园	405～2023	临近站口的小型公园；多呈线形或小型中心，为乘客提供的硬景观设施；增强站点连接并为使用者提供静态休憩用地	
站前广场	405～4050	临近建筑的小型公共空间；多为硬景观构成，为使用者提供静态休憩用地	
小型广场	4050～8094	小型公共空间，通常由马路与建筑物隔离；多为硬景观构成；为使用者静态休憩用地	
社区公园	4050～20230	中型公共空间，通常由马路与建筑物隔离；由自然景观与硬景观结合，为使用者提供动态与静态休憩用地	
城市级大型公园	视情况而定	大型公共空间，通常由绿道连接，或者由数个公园组成；大部分由景观覆盖；为使用者提供动态休憩用地	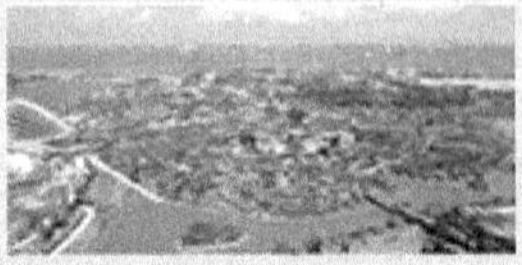

图 6-5　TOD 公共空间类型

鉴于 TOD 也是高密度的开发，所以在横向步行网络中关键节点上，结合高密度建筑综合体设置纵向公共空间，不仅可改善 TOD 的竖向步行效率，也能创造出横向与竖向交织的公共空间体系。例如，东京涩谷 Hikarie 建筑综合体，就是利用电梯与建筑中庭，结合环形电梯组成了 TOD 纵向公共空间，不仅为竖向步行流线提供了设施通道，同时也提供了休憩与观赏的广场功能，而其视觉的通透性也让使用者能一览地上、地下、室内与室外的活动人群，提升各类商业及创意产业的可见度，如图 6-6 所示。

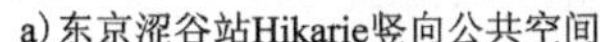

a) 东京涩谷站Hikarie竖向公共空间

b) 六本木站泉花园大厦横向公共空间

图 6-6　不同立体形式的轨道站域公共空间

来源：日本日建集团，http://www.nlkken.co.jnon/solutions/tod.hml

（2）打造以人为本的 TOD 公共空间

依据站域周边历史文化、自然文化特征、用地现状以及社区积极程度，轨道站域公共空间不必千篇一律（即不必从设计形式上统一为立体步行系统、口袋公园或纵向流线公共空间）。但是，无论怎样“因地制宜”地营造轨道站域公共空间，其最终服务的对象是人，所以，以人为本的公共空间，归根结底需成为：

①多功能的公共空间。

②面向所有人群的公共空间。

③全天都有活力的公共空间。

④衔接良好的公共空间。

此外，创造良好、具有活力的公共空间，不仅由规划设计方案决定，更受融资—招商—运营维护以及社区参与和公众教育等一系列过程影响。

“以人为本”轨道站域公共空间设计原则如图 6-7 所示，具有活力公共空间的影响因素见图 6-8。

图 6-7　以人为本轨道站域公共空间设计原则

图 6-8　具有活力的公共空间的影响因素

来源：西雅图市中心公共空间及公共生活：建议及战略，盖尔事务所，2008. http://www.seattle gow/dpd/cs/groups/pan/@pan/documents/web_informational/s048431..pal

6.3　日本东京城市地下空间开发案例

日本相关城市是全球最早开展地下空间开发利用的城市群之一，自 20 世纪 60 年代以来日本普遍进行了立体化城市更新再开发，结合城市地面改造开发城市地下空间，解决城市交通难、环境污染等问题，并取得了明显的效果。一些大城市如东京、名古屋、大阪、横滨、神户、京都、川崎等结合地铁、地下街、共同沟以及 20 世纪 90 年代掀起的大深度地下空间开发利用等形成了特色鲜明的地下空间开发利用日本模式。东京地铁的深层建设利用先进的技术手段降低工程造价，充分开发利用城市深层地下空间资源，建设深层地铁换乘车站，创造与既有地铁的换乘条件，从而全面提升中心城市地铁网络的整体运营效率，同时也为城市防灾、防空的疏散与掩蔽提供了巨大、安全、可靠的防御空间。结合地铁建设和城市更新改造，修建了大量的规模较大的地下街，为城市提供了更多的地下停车位和商业面积，解决了地面人车混杂的问题，增强了城市功能，改善了地面环境。

东京站除新干线、山手线等铁路车站外，还有 8 条地铁线从附近通过，其中有 4 条线在大手町设站，3 条在日比谷和银座有站，2 条在日本桥有站。这些地铁车站一般都位于以东京站为中心几十米至几百米半径范围内，均通过地下步行通道与东京站地下部分和八重洲地下街相接。尽管东京站日客流量高达 80 ～ 90 万人，但站前广场和主要街道上交通秩序井然，步行与车行分离，行车顺畅，停车方便，环境清新，体现出现代大城市应有的风貌。

东京站地区地下人行系统如图 6-9 所示。

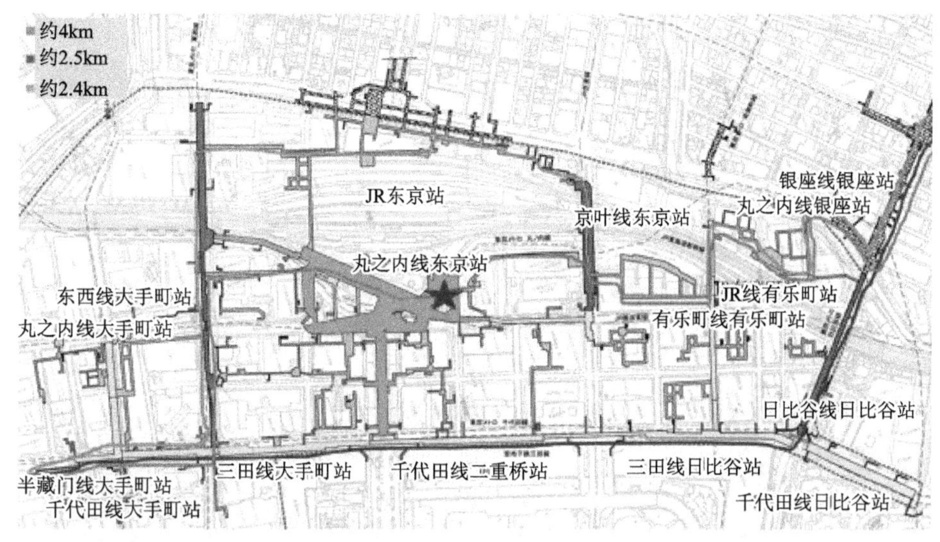

图 6-9　东京站地区地下人行系统

丸之内位于东京站和皇宫间，占地面积 120 万 m^2，是日本的金融商务中心。结合便捷的交通网络，所规划建设的地下公共步行通道将地铁车站和各个大厦地下室连通成网，网络以东京站地下广场为中心，从大街逐渐向小型街道分支。地下通道内沿街设置有各种店铺，地下通道与大厦连接部分，采用直通地上层挑空空间或可摄入自然光的下沉广场。典型地下街断面图如图 6-10 所示。

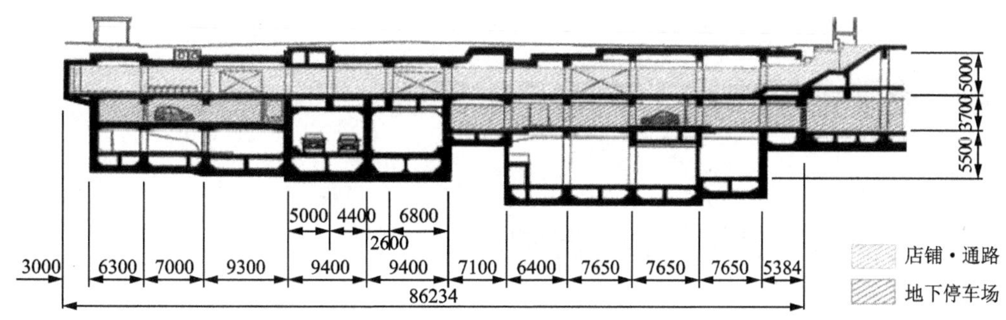

图 6-10　典型地下街断面图(尺寸单位:mm)

八重洲地下街位于东京站附近，有多条地铁线路经过。曾是东京规模最大的地下街，分两期建成，总建筑面积 7.4 万 m^2，加上连通的地下室，总建筑面积达到 9.6 万 m^2。地下为三层：地下一层由车站建筑地下室、站前广场地下街和从广场向前延伸的 150m 长的地下街(共有 215 家商铺)组成，地下二层为总容量 570 辆车的两个地下停车场，地下三层有高压配电室、一些管沟和廊道，4 号高速公路也由此穿过，车辆从地下就可以进入公路两侧的公用停车场，使地面上的车流量也有所减少，路上停车现象基本消除。这样，尽管东京站日客流量高达 80 万～ 90 万人次，但站前广场和主要街道上交通秩序井然，步行与车行分离，行车顺畅，停车方便。

分布在人行道上的 23 个出入口，可使行人从地下穿越街道和广场进入车站；设在街道中央的地下停车场出入口，使车辆可以方便地进出而不影响其他车辆的正常行驶。在地下街内，设有“花之广场”“石之广场”“光之广场”“水之广场” 4 处休息空间。地下商业街综合体开发效果如图 6-11 所示。

图 6-11　地下商业街综合体开发效果图

6.4　我国各城市地下空间开发案例

6.4.1　北京朝阳门站地下商业街开发

1）项目背景

（1）朝阳门站概况

朝阳门站是北京地铁 2 号线与 6 号线的一个换乘车站，位于北京市东城区与朝阳区交界处。2 号线车站于 1984 年启用，6 号线车站于 2012 年启用（图 6-12）。

（2）朝外商圈情况

朝外商圈（图 6-13）位于地铁朝阳门站以东、东二环与东大桥路之间，是北京的传统商圈之一，汇集了丰联广场、蓝岛大厦、悠唐购物广场等众多大型商场、50 多座 A 级写字楼以及 16 个政府机构及企业总部。据统计，商圈区域内工作和生活的人数达 30 万，以公司白领和使馆工作人员为主。

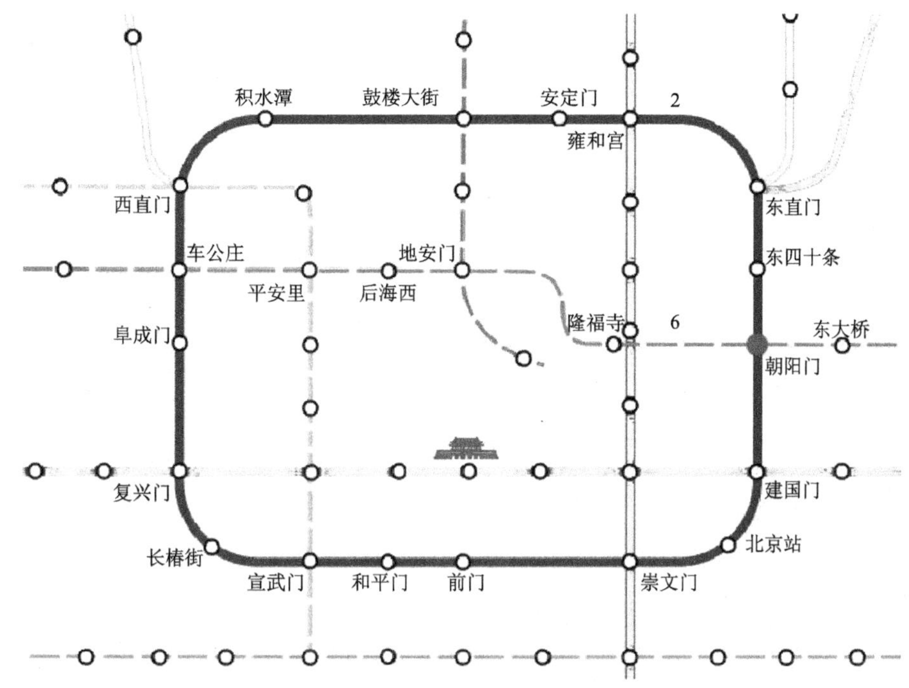

图 6-12　朝阳门站及地铁 2 号线、6 号线线路图

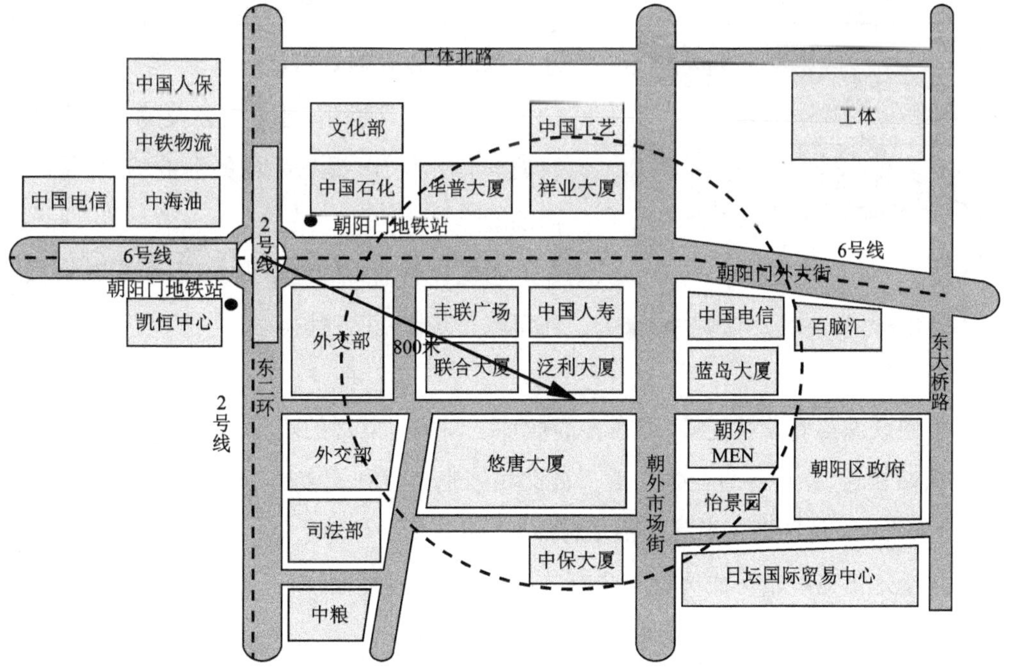

图 6-13　朝外商圈与朝阳门地铁站关系图

(3)朝外商圈存在的问题

虽然朝外商圈商贾云集,但交通不便已制约商业圈的发展。

①公共交通不够便利。虽然其临近地铁朝阳门站,但车站中心位于东二环以西,车站出口距商业圈中心的步行距离约 800m,并且必须穿过多个车行路口,与地面车行交通交叉严重。另外,一些不临主街的商业体,因缺乏良好的商业形象展示面,也不利于吸引客流。

②各商业体被城市道路(有的是城市主干道)分隔,不利于相互间的步行联系,也就不利于发挥商圈的商业规模效应。

2)问题的解决方法

悠唐大厦的开发商从商业经营的自身利益出发,注意到了上述导致商业人气不旺的不利因素,提出希望能建设连接地铁出入口的地下街,来引导人流进入商业体,增加商业人气。开发商对建设地下商业街积极性很高,表示愿意联合地铁建设管理部门和周围其他的开发商,来合作开发、投资和建设地下商业街。

(1)方案构思

①完善朝阳门地铁站的人行交通地下接驳系统(图 6-14),方便地铁站周边街区的人流进出地铁站,同时减少地面交通中人流、车流交叉的混乱局面。

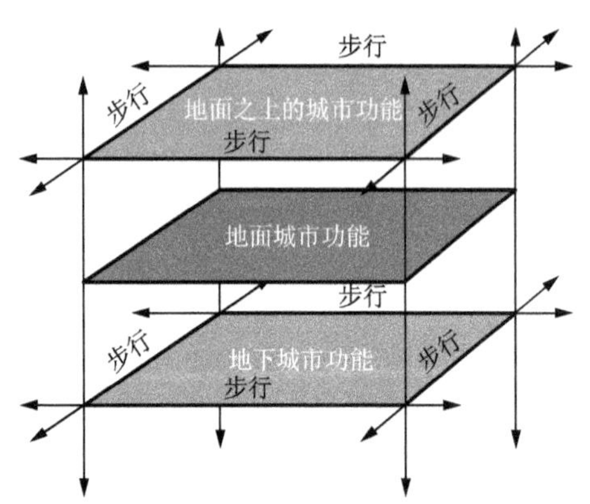

图 6-14 人行系统、车行系统分层立体布局示意图

②合理利用市政道路地下的空间,让宝贵的土地资源发挥较高的效用。

③通过对地铁站、地下街以及朝外地区商业建筑的一体化设计,提高区域的商业活力,提升朝外商圈的形象。

④设计有活力的地下商业街,吸引社会投资参与市政公共设施的建设。

(2)设计思路

①将地铁站与商业体连接,并在各商业体之间构建舒适的步行交通网。各商业体均希望与地铁站相连、并且各商业体在地下彼此相连也是有利无害的,那么构建如图 6-15 所示的、在地下四通八达的地下街就是不二选择。

②这个地下商业街可成为地下步行交通网,相比较地面步行,它是 24h 全天候的,在恶劣天气情况下尤其能发挥其交通联络的优势。

③引来地铁客流、方便人群购物、增强了各商业体的可达性,聚集商业人气。

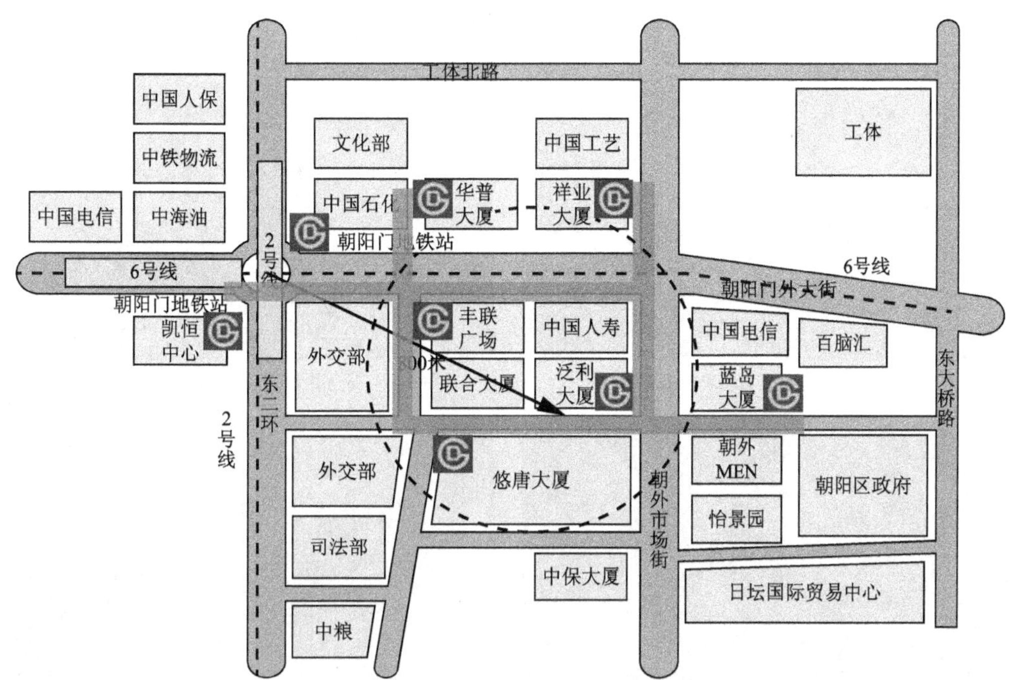

图 6-15　将地铁站与商圈内各商业体在地下连成网络示意图

（3）设计有活力的地下街

众所周知，地下空间均有一些使用方面的不利因素，即空气质量差、黑暗、方向感弱等。若是纯粹交通功能的地下街，如果比较长，走起来会感觉乏味和缺乏安全感。因此必须采取相应的改善措施。可采取的措施有：

①在地面条件许可的情况下，尽可能在地下街的上部开天窗，或结合地面出入口设置下沉广场，给地下街引入自然光（图 6-16）。

②在地下街两侧墙面设置广告灯箱，即美化空间又增加室内照度（图 6-17）。如地下街的步行距离过长，可设置自动步道减少行人的疲惫感（图 6-18）。

③通过装修手段，增加地下街的活力和趣味（图 6-19、图 6-20）。

④在地下街两侧引入商铺（图 6-21）。

图 6-16　地下空间设天窗引入自然光示意图

图 6-17　地下街两侧设广告灯箱美化空间示意图

图 6-18 地下街内设置自动步道示意图

图 6-19 地下街内通过装修增加活力示意图(一)

图 6-20 地下街内通过装修增加活力示意图(二)

图 6-21 在地下街的两侧引入商铺示意图

⑤在地下街出入口引入商业广告，并与地铁出入口及标志统一设计(图 6-22)。

⑥在地下街顶部地面，结合灯柱设置广告，起到引导人流和地下街广告的作用(图 6-23)。

图 6-22 地下街的出入口与地铁出入口统一设计示意图

图 6-23 地下街顶部地面灯柱设计示意图

3)方案设计

(1)总平面设计

本地下街工程设计范围位于朝外大街南侧人行道与辅路下方、外交部南街道路地下，总体呈“L”形。地下商业街东接地铁站 B 出口，南接悠唐大厦地下二层。地下商业街的总长度约 500m，总宽度约为 21m，总建筑面积 12000m^2。商业街向北设有两条下穿朝外大街的人行地下过街通道与街北连同，向西与丰联广场、联合大厦的地下层相连通（图6-24、图6-25）。

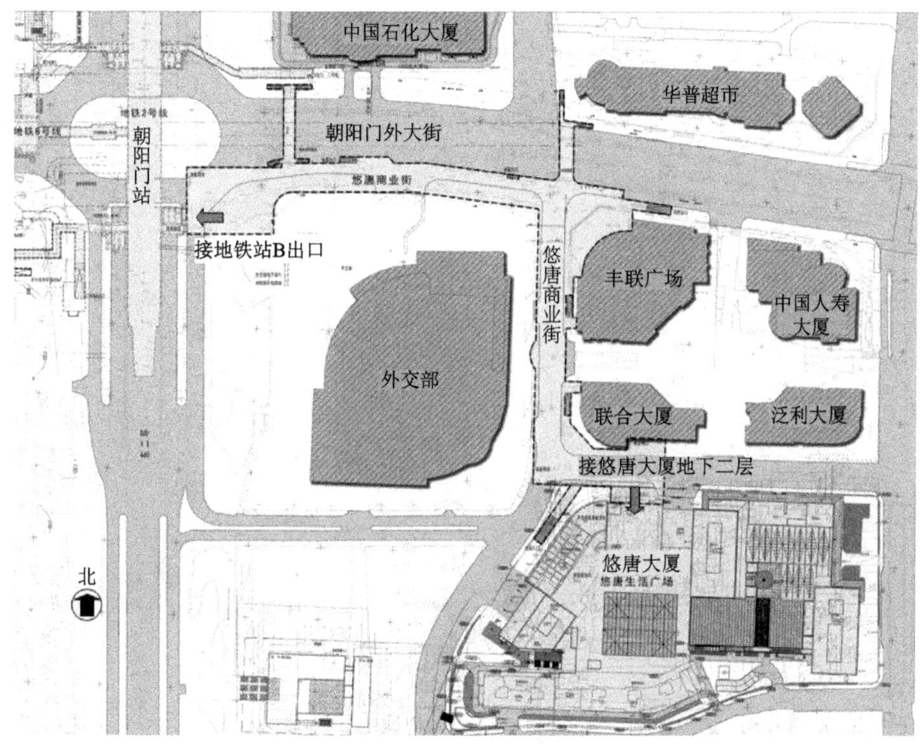

图6-24　地下街总平面图图

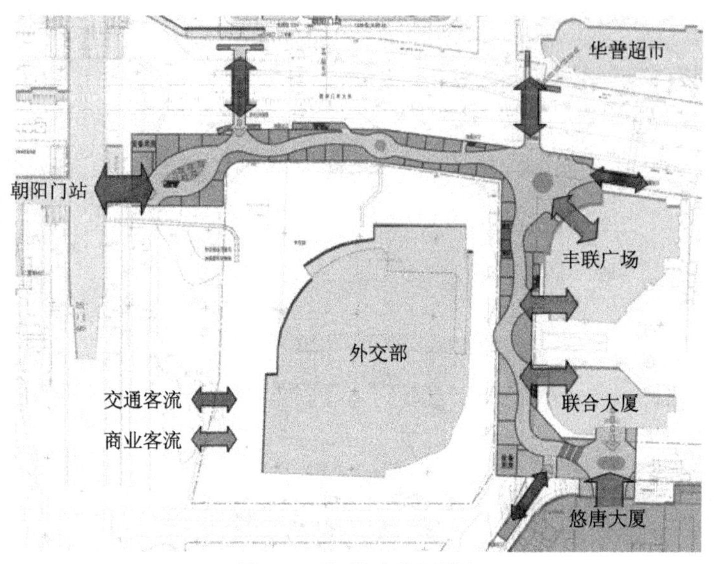

图6-25　地下街客流分析图

（2）地下街商业业态分析

经调查分析，对本项目业态，初步确定为：零售类（服装、手袋、影音器材、珠宝及配饰、书店等）和饮食类（面包、甜品、咖啡等），业态档次定位为中等，且倾向于便民服务和有特色的服务商铺。应与周边现有业态保持一定的差异（图 6-26、图 6-27）。

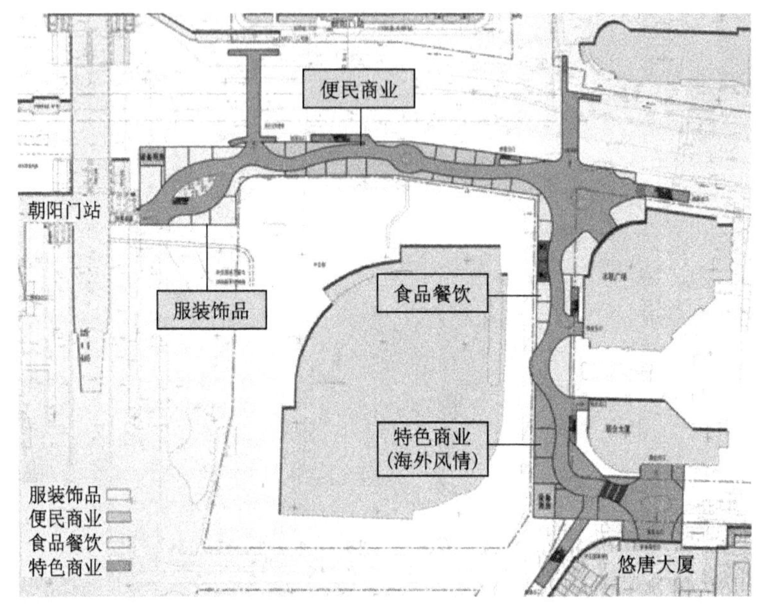

图 6-26　地下街商业业态分析图

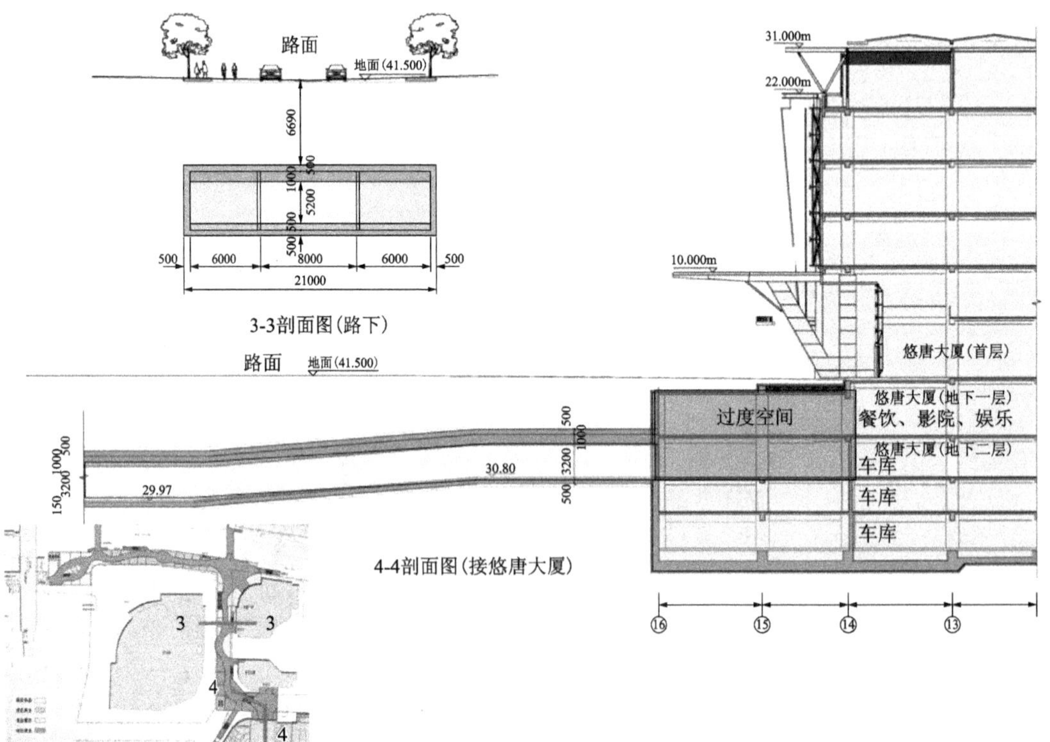

图 6-27　地下街剖面图（尺寸单位：mm，高程单位：m）

6.4.2　台北市车站周边各地下商业街

1）台北轨道交通站点开发

（1）台北捷运大街（又称中山地下商业街，Taibei Easy Mall）

台北捷运大街位于捷运淡水线的台北车站至双连站之间，于 2000 年正式对外营业，全长约 1.3km，分为南、北两区，共规划 106 间店铺。南段（台北车站至中山站）全长 325m，共 36 间店铺；北段（中山站至双连站）全长 420m，共 70 间店铺。其将台北车站、中山站及双连站 3 个捷运站串联起来，并将车站区域与后站区两端的商业、公共活动重新进行引导与延伸。

（2）台北地下商业街（Taibei City Mall）

台北地下商业街位于市民大道正下方，西起塔城街东侧，东迄于公园路口西侧，全长 825m，宽 36 ～ 39m，地下共有两层，其中地下一层为地下商场，地下二层作为停车场及机房，共设置 12 处连外通道来集散转运人潮。台北地下商业街规划近 200 间店铺，由于所在位置是铁路、轨道交通淡水线、板南线与客运总站、转运站及台北县市的公共汽车转运站等城市重要大众运输系统的交织地带，其设置亦兼作周边区域的转乘连接带。

（3）站前地下商业街（Station Front Mall）

站前地下商业街位于忠孝西路一段的下方，西起重庆南路口，东至南阳街口，所在楼层略低于台北车站地下一层。站前地下商业街全长共 343m，规划有 17 间营业单位，其他空间则为广场、步行道及穿堂等公共空间。

站前地下商业街在 10 号出口与新世界购物中心连通，东侧与台北车站连通，为台北车站周边地区搭乘公交车、铁路、地铁必经通路。站前地下商业街设置的主要作用是连通地面商圈、台北车站及地下商业街区域的步行区域，并与地面主力店、商圈衔接，借此来强化整个台北车站地下商业街和地面商业的活动关联。

（4）新世界购物中心

新世界购物中心位于台北车站站前广场地下，北侧为台北车站，东侧邻公园路，南侧接忠孝西路，西侧衔接馆前路，并连接汽车客运总站。其地面层是具有城市休憩活动功能的站前广场，地下一层为地下商业街商店部分，共规划 53 间营业单位，地下二层为停车场。

台北车站周边地下商业街中，新世界购物中心是最后建成的地下商业街，因此新世界购物中心具有修正地下商业街布局及带动周边地下商业街经营的任务。同时借由与站前广场的共同开发，新世界购物中心地面层成为车站周边地区与城市轴的重要城市公共空间。

图 6-28 是台北车站周边地下街的布局位置与平面图。

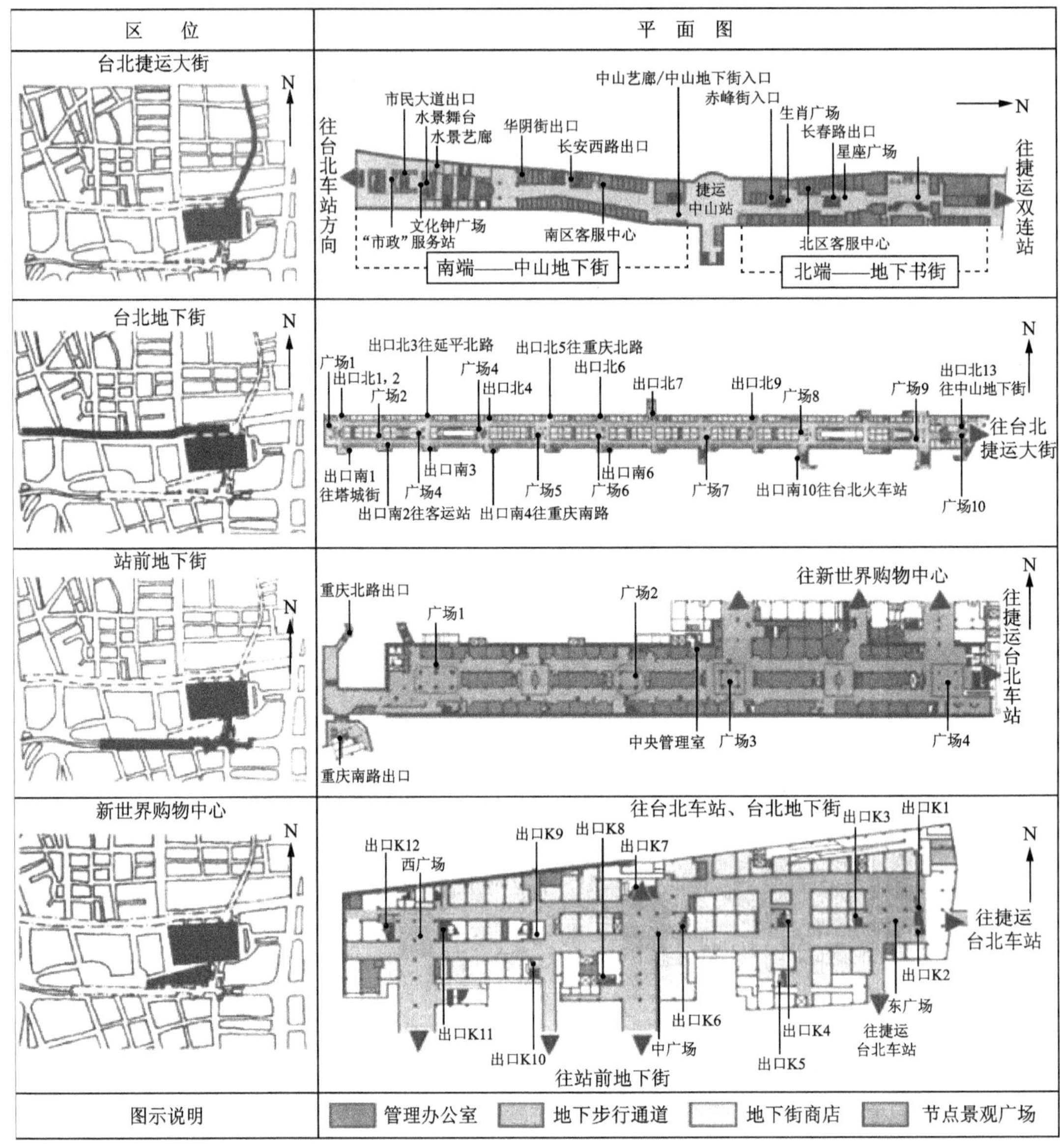

图 6-28　台北车站周边各地下街的布局位置与平面图

2）台北车站周边地下商业街的应对策略

台北车站周边地下商业街由于相互连通形成地下商业群，因此能运用区域策略来全面调整与修正地下商业街的发展方向。当然，需强调一点，区域策略是从城市与车站规划角度所进行的调整，是从整体宏观的角度为策略基准，只作为各地下商业街策略安排的指导原则。而个别地下商业街仍需以运营情况及区位的差异，再进行个别地下商业街的微调整。

调整策略如下：

①调整连接影响：以定义为城市公共空间来凸显地下商业街印象。

台北车站各地下商业街都是以台北车站为核心，加上所有城市交通系统都会在此进行交会转运，造成地下商业街让人感觉只是“附属台北车站的地下商店”的印象。于是台北车站周边地下商业街便以引入城市机能、结合城市文化与活动为策略，使整个地下商业街也成为城市公共空间。在引入城市机能方面，包括置入部分“市政”相关的活动，设置户政单位、无人银行、邮政与城市观光服务窗口；在结合城市文化与活动方面，则以设置城市艺廊、定点的小型展览、各种规模的活动等方式，使整个地下商业街网成为城市生活、信息、艺术与服务的中心。

②调整商业与活动中断现象：节点发展为休憩、交流与让人驻足的场所。

虽然台北车站的人流很多，但大多数的人都是将地下街当成过渡性的交通行进动线，特别是地下街的重要节点往往又作为转乘的转换点，因此在此类节点上就容易出现地下街消费人潮与活动中断的现象。

为了解决地下街商业与活动不连续的问题，台北车站周边地下街将与台北车站相连的重要节点，发展为能够进行休憩、交流与让人驻足的场所，并穿插临时活动、集会活动与整区的大型活动，使整体的消费活动能形成延续（图 6-29、图 6-30）。

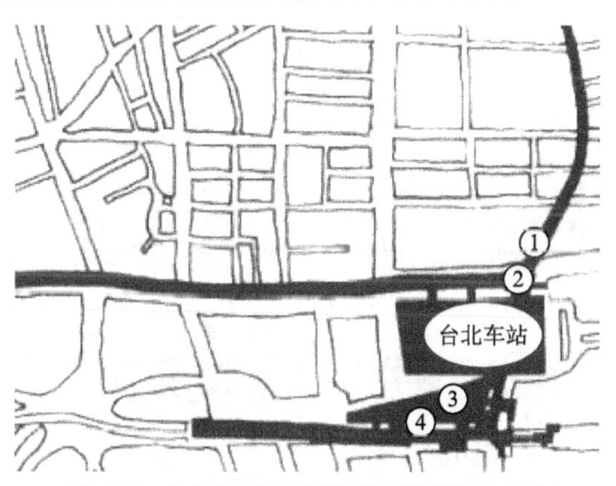

图 6-29　台北车站周边各地下街重要的节点布局

③调整与地面环境关系：发展地下街与周边地面的活动与视觉关联。

在台北车站地下化后，由于周边主要交通还是以地面交通为主，且周边建筑都是在地下街规划前已经建成的高层建筑，进行空间整合有一定的困难，为了要让地下街形成与地面周边商圈在商业上的结合，只能利用位于人行道的出入口通道与地面商圈进行连接，再利用地下街形成地下步行系统，让台北车站内部、车站地面广场形成活动的关联。

台北车站同时以强化地面与地下街之间关联的方式进行调整，包括进行出入口、采光罩、抽排风设施与地面景观的设计，并调整灯光及色彩让人感受不到地下街与地面街的区别，以形成视觉上的关联。

布局	个别地下街布局	图　　片
台北捷运大街	N	发展为令人驻足的场所： 1.配合顶部挑空，引入光线，塑造地标文化钟； 2.整体动线利用高低差穿插水景、植物景观
台北地下街	N	引入城市活动与发展为令人驻足的场所： 1.顶部引入自然光，塑造台北地下街入口意象； 2.配合动线设置供城市活动的小型舞台空间
新世界购物中心与站前地下街	新世界购物中心 站前地下街 N	发展为休憩、交流与令人驻足的场所： 1.顶部引入自然光，结合艺术品，塑造新世界购物中心主入口； 2.配合装置艺术品设置可以休憩与交流的空间； 3.于新世界购物中心与站前地下街的交汇广场，结合书展活动形成令人驻足的场所； 4.于动线过渡处设置座椅，作为休憩与交流的场所

图 6-30　台北车站周边各地下街所发展的休憩、交流与让人驻足场所

6.4.3　广州珠江新城核心区地下空间

1）项目概况

广州珠江新城核心区地下空间是广州市政府为了使位于广州市新中轴线上的珠江新城中央商务区的商务配套服务功能进一步深化、区域交通条件的根本性优化以及珠江新城中央广场整体形象的强化，配合 2010 年亚运会召开的重点工程之一，也是广州市规模最大、最重要的地下空间的综合开发利用项目之一。

该项目位于广州新中轴线珠江新城核心部位，地面现有车行交通系统由“四横两纵”（横向为黄埔大道、金穗路、花城大道、临江大道，纵向为华夏路和冼村路）干道网络组成，区内有广州地铁 3 号线、5 号线和城市新中轴线地下旅客自动输送系统穿过，周边主要为高级写字楼、星级酒店、社会配套公建，其中有广州市地标建筑“双子塔”、四大文化公建（广州歌剧院、广州图书馆、广东省博物馆、广州市第二少年宫）、海心沙市民广场等标志性建筑。规划用地面积 75.4 万 m^2，规划地下总建筑面积约 44 万 m^2，地下两层，局部三层，总投资约 35 亿元人民币。建设内容包括珠江新城核心区地下空间、新中轴线地下旅客自动输送系统以及地面中央景观广场，总体鸟瞰图见图 6-31。

图 6-31　总体鸟瞰图

广州珠江新城核心区地下空间主体工程以地下公共服务配套为主，包括为解决珠江新城核心区交通疏导而建设的地下交通系统、地下公共人行通道、地下旅客自动输送系统站厅、站台以及配套地下综合商业设施和设备用房，它与周边地块地下建筑层整合建设、统筹考虑，构成具有以地下步行系统连通城市公交枢纽与轨道交通枢纽功能的城市地下综合体，该部分建筑的主要功能在于构建人车立体分流的地下步行系统，以人流的积聚点为核心，充分利用地下空间资源建设地下步行道，达到疏导交通、共享地下空间资源、商业发展的目的。对尽快形成广州市21世纪中央商务区（GCBD21）和高品位文化广场，带动周边地区的发展和带动城市商务办公及其产业都将起到关键性的作用，同时还必将吸引更多的周边城市居民及其他省市居民前来观光旅游，带动项目的商业配套服务和区域旅游经济的发展。

2）建筑设计

广州珠江新城核心区地下空间的设计是由下沉景观广场系列、商业购物廊、下沉庭院以及用于联系轨道交通及周边建筑地下空间的人行通道系统等几个主要设计元素组成。下沉景观广场沿中轴线布局，构成地下商业城的脊柱。下沉景观广场、大型坡道和楼梯，将大自然引入地下，解决地下建筑的自然通风和采光要求，使地下空间与地面建筑和景观从视觉和空间上融为一体。不同主题的下沉广场各具特色，广场入口标志鲜明，提供人们清晰的空间方位感。商业购物廊犹如血管延伸在地下各个功能区，围绕着联系轨道交通及周边建筑地下空间的人行通道系统展开，使地下人行系统在空间和装饰上均产生人性化建筑效果。纵横交错的购物街，将地下空间内不同的功能区域有机的连接起来，形成一个连续的、有趣的、具有动感的建筑空间。

下沉庭院的设置提升地下功能空间的质量，营造舒适安静的空间氛围，使整个地下空间从热闹到繁华，再到舒静，形成动态区和静态区的不同空间感受。

在地下空间的设计中，大量采用下沉广场和采光天井设计，将自然光线引入地下建筑，提供给人们一个更安全、更舒适、并能起到节约能源作用的功能区（图6-32～图6-34）。

图6-32　下沉广场效果图（一）

图6-33　下沉广场效果图（二）

图 6-34　下沉广场剖面示意图

（1）地下一层平面设计

地下一层是珠江新城核心区地下空间体系的主平面层，由核心区和东西侧翼区组成。核心区的南侧是公交车和旅游车停车场，从停车场人们可以直接进入文化公建的入口大厅，停车场内还设有贵宾专用车道、私家车和出租车上下车点；候车区域设采光天井，种植有大型树木，使候车的人们在地下也能感受自然；停车场南北端设有交通环岛和进入地下车库的坡道，以保证车辆不同方向出入的灵活。核心区的北面也布置了公交车停车场，以方便游客出入中央广场。

两个停车场之间的区域是为核心区连接周边建筑地下、轨道交通站厅设置的人行通道而设计的地下商业城。人流可以通过不同的途径进入地下商业城。

（2）地下二层平面设计

规划设计地下二层是公共停车场、设备功能空间以及集运系统站厅和设备空间。该层与周围建筑的地下车库相连。车库设有主环路与多个停车区间相连，从而保证整个大型公共停车库内主路的畅通，使分区车库的多种管理模式成为可能。

（3）地下三层平面设计

地下三层是集运系统站台和集运系统隧道，以及核心区集中供冷共同管廊。

6.4.4　上海徐家汇副中心

徐家汇是上海最先发展的城市副中心，是全市主要的交通枢纽与商业中心，地下空间（图 6-35）主要围绕地铁 1 号线、9 号线、11 号线进行开发（图 6-36、图 6-37），现主要集中于港汇广场、美罗城等周边区域，仅港汇广场、地铁 9 号线和 11 号线地下空间的面积就有约 9 万 m^2，是集交通、餐饮、零售、百货、娱乐等多种功能于一体的大型地下综合体（图 6-38）。

项目主要特色：

①复合开发——以轨道交通为中心进行了商业、娱乐、文化、餐饮等为一体的多功能复合开发，取得了极大的经济与社会效益。

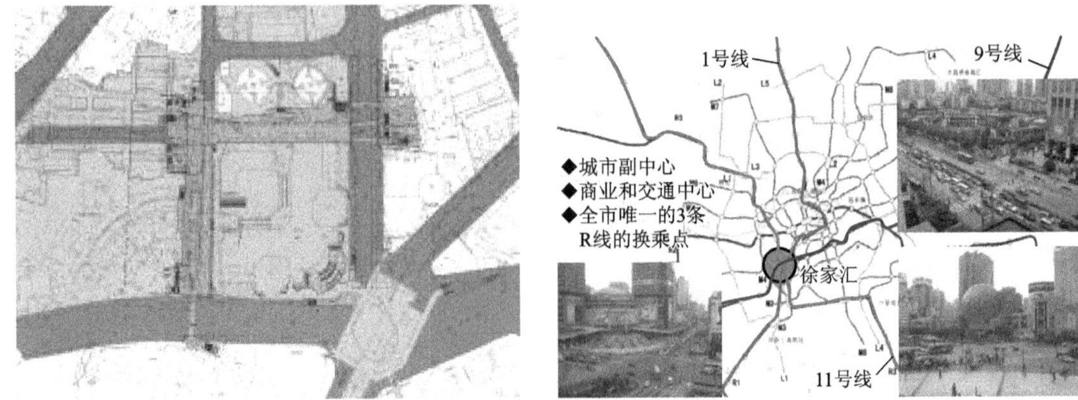

图 6-35 徐家汇副中心地下空间开发

图 6-36 徐家汇站三线换乘平面图

图 6-37 徐家汇站 1 号线与 9、11 号线地下换乘通道

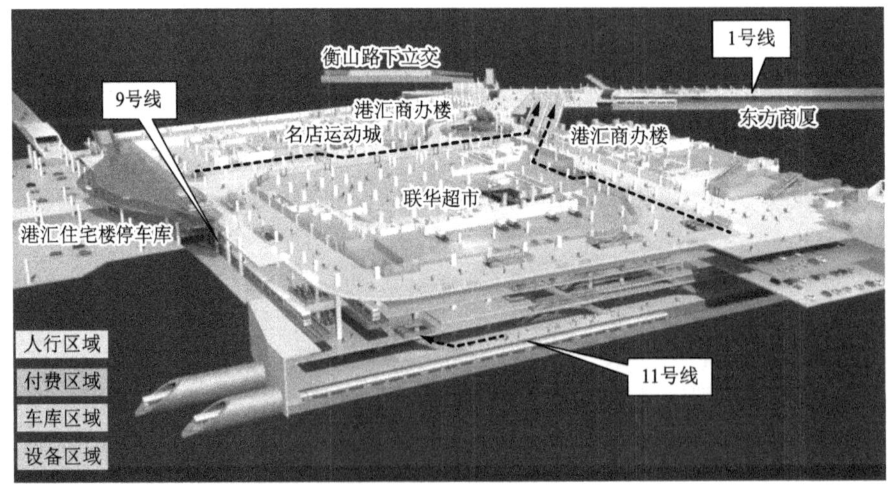

图 6-38 徐家汇地下综合体

②步行网络——以轨道交通车站和港汇广场为核心组织地下人行系统的设计，形成了完善的地下交通网络，行人可以利用地下步行系统方便地到达该区域主要的商业中心。

6.4.5　杭州地铁 1 号线西兴站上盖综合体开发

杭州地铁 1 号线滨江区共设 4 个站点，位于滨江区东部，分别为江陵路站、滨和路站、西兴站和滨康路站，总计长度约 5.5km。这段线路串联了 1 号线的沿江区段和近郊区段。该地区是 1 号线沿江城市建设开发、城市中心构件发展最为活跃的地区，是滨江区由“区”向城转变的核心地段。规划设计范围和临近区域包含了滨江区重点开发发展的商业、办公居住及休闲游憩区域，滨江区政府、西兴古镇、星光大道均在其中。该地区当前正成为杭州市空间拓展及滨江区开发建设的引领者，地区的规划设计从杭州中心城区范围和滨江区范围综合考虑其发展定位及规模(图 6-39)。

(1)人行系统(包括换乘人流组织)

地面人行系统，结合三条休闲商业空间线索进行空间引导；结合景观设计，沿单向道路形成丰富多样、舒适怡人的步行系统，联通商业区与保护区，促进二者联动发展，如图 6-40 所示。

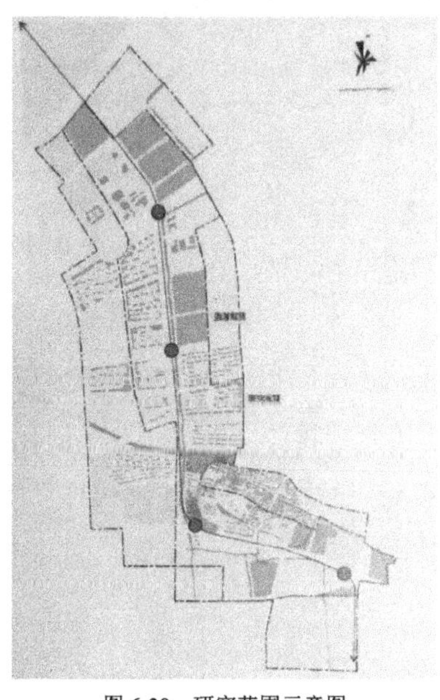

图 6-39　研究范围示意图

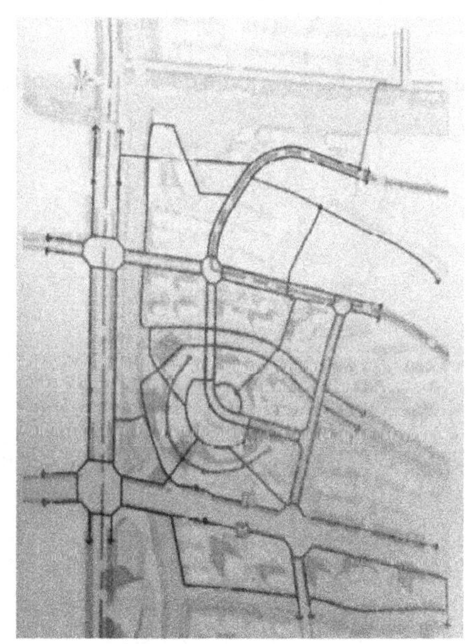

图 6-40　人行流线组织图

为了尊重本地历史人文景观，本案在建筑体量上进行减法设计，特别是在靠近西兴历史保护区的地块，以小体量建筑为主。

(2)换乘人流组织

利用站体位于地块内部的特点，采用地铁上盖开发模式，通过地下空间的衔接，地铁客流可直接进入商业开发内部，同时借助垂直于滨安路的轨道站点通道，为过街人流提供更为安全可靠的选择(图 6-41)。

滨安路两侧地铁出入口建议增加公交停靠站与之配套。其他公交站点的换乘流线与商业流线结合布置，形成良好的互动。沿滨安路进入中心城区方向，布置落客设施一处，以方便地铁换乘。

（3）开敞空间体系

本地区的开敞空间体系通过不同元素的组合重组构成；安排西兴主题公园的娱乐商业街，与西兴老街的主要街道进行对接，成为整个西兴历史保护区的门户；以地铁上盖综合体为起点，分别向西兴主题公园、西兴历史保护区，布置一系列步行街、广场和滨水步行道，形成贯通的开敞空间（图 6-42）。

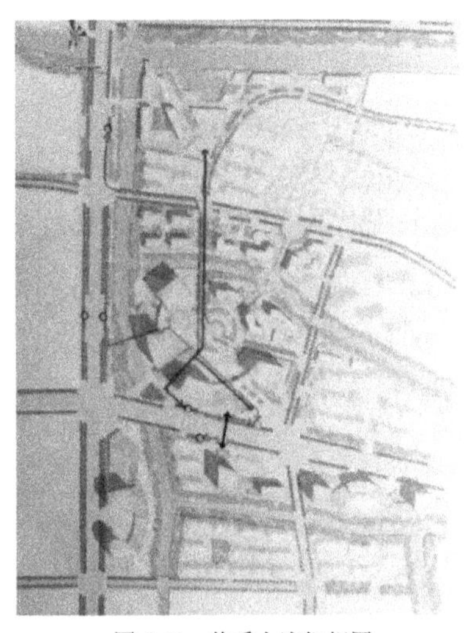

图 6-41　换乘人流组织图

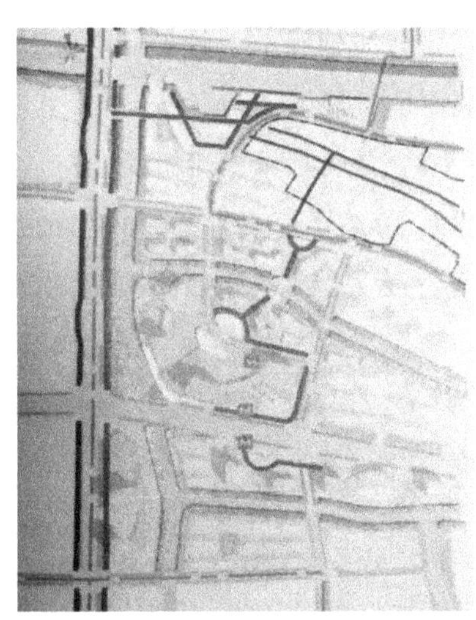

图 6-42　开敞空间体系规划图

（4）地下空间布置

结合西兴地铁站点，发展包括地下商业城的上盖复合物业。地下商业空间，通过内部商业街道，将行人引向西兴主体公园西部的滨水步行带、通往西兴老街的商业街，增加步行系统的整体连贯性（图 6-43）。

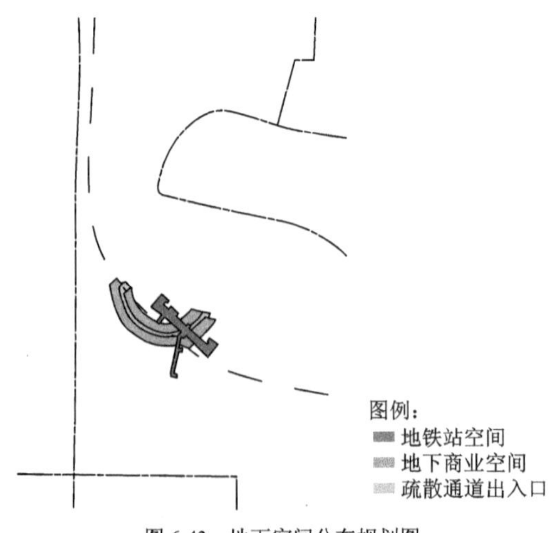

图 6-43　地下空间分布规划图

6.4.6 总结

经济社会的发展与交通的发展和变革是密不可分的。地铁沿线周边地上、地下空间一体化开发，以及相应配套市政设施的投入，可以缩短城市内区域之间的时空距离，加快区域间人员、商品、技术、信息的交流速度，有效地降低生产运输成本，在更大空间上实现资源有效配置，拓展了市场，对提高企业竞争力、促进国民经济发展和社会进步都起到了重要的作用，同时也带动了沿线区域的经济社会发展。

具有较完善的步行交通系统、与地铁站及周边商业体联系良好的地下街工程，是一项利国利民、利地铁建设管理公司、利投资开发商的、多家共赢的好项目。地下工程投资较大，工程涉及土地、规划、投资、交通、消防、环保等多个方面，非常需要城市政府部门牵头和支持。如果运营操作成功，那么在土地的合理高效利用、公私合营模式上将具有开创性的意义，对国内类似的大量工程将具有重要的指导和借鉴意义。

第7章

城市地下空间工程施工技术简介

城市地下空间工程施工技术主要有五种，包括：明挖法施工（明挖顺作法、盖挖顺作法、盖挖逆作法）、矿山法施工、盾构法施工、顶管法施工、沉井法施工。

7.1 明挖法施工

7.1.1 概述

明挖法是地下空间工程常用的施工方法，具有施工作业面多、速度快、工期短、易保证工程质量、工程造价低等优点，因此，在地面交通和环境条件允许的地方，应尽可能采用明挖法施工。按其主体结构的施作顺序，明挖法又可以分为：明挖顺作法、盖挖顺作法、盖挖逆作法、盖挖半逆作法，后三种又可称为明挖覆盖法施工。

（1）明挖顺作法

明挖顺作法是先从地表表面由上向下开挖基坑至设计高程，然后在基坑内的预定位置由下而上建造主体结构及其防水措施，最后回填土并恢复路面。

明挖顺作法其优点是：施工技术简单，技术成熟可靠，对施工机械要求简单，施工速度快捷，施工质量容易保证，施工投资易控制，安全可靠，遇到障碍物易处理。城市地下隧道工程发展初期都把它作为首选的开挖技术。其缺点是：对周围环境的影响较大，如阻断交通时间较长，噪声与振动等对环境的影响大、需拆除改移工程用地范围内的建筑物及地下管线。

按照对边坡支护方式的不同，明挖法可分为敞口放坡明挖法、悬臂支护明挖法和围护结构加支撑明挖法。

①敞口放坡明挖法。根据隧道侧向土体边坡的稳定能力，由上向下分层放坡开挖隧道所在位置及其上方土体至设计隧道基底高程后，再由下向上顺作隧道衬砌结构和防水层，最后施作结构外填土并恢复地表状态的施工方法，如图 7-1 所示。

敞口放坡明挖法主要适用于埋置特浅、边坡土体稳定性较好，且地表没有过多的限制条件的隧道工程中。放坡明挖法虽然开挖方量较大且易受地表和地下水的影响，但可以使用大型土方机械。施工速度快，质量也易得到保证，作业场所环境条件好，施工安全度高。边坡局部稳定性较差时，可采用喷射混凝土进行坡面防护或采用锚杆加固边坡土体。

②悬臂支护明挖法。将基坑围护结构插入基底高程以下一定深度，然后在围护结构的保护下开挖基坑内的土体至设计隧道基底高程后，再由下向上顺作隧道主体结构和防水层，最后施作结构并回填土以恢复地表状态的施工方法，如图 7-2 所示。

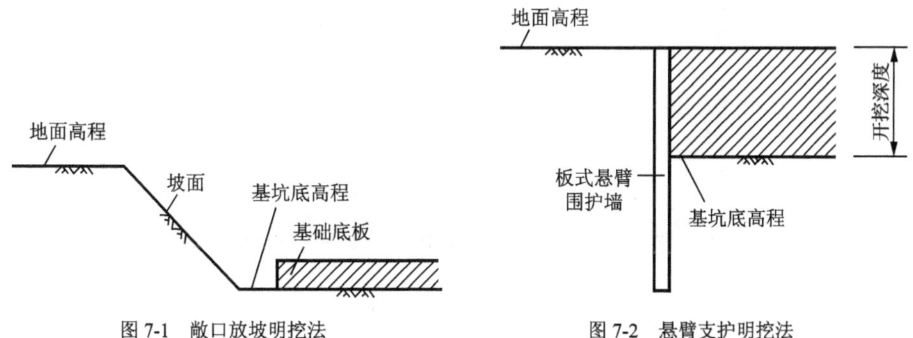

图 7-1　敞口放坡明挖法

图 7-2　悬臂支护明挖法

③围护结构加支撑明挖法。当基坑深度较大、围护结构的悬臂较长时，在不增加围护结构的刚度和插入深度的条件下，围护结构的悬臂范围内架设水平支撑以加强维护结构，共同抵抗较大的外侧土压力；在主体结构由下向上顺作的过程中，按要求的时序逐层分段拆除水平支撑，完成结构体系转换，最后施作结构回填土并恢复地表状态的施工方法，如图 7-3 所示。

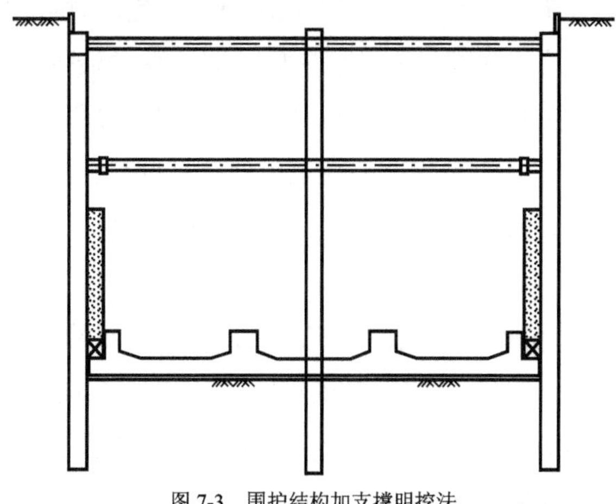

图 7-3　围护结构加支撑明挖法

围护结构加支撑明挖法（图 7-4）主要适用于埋置不太浅、边坡土体稳定性较差、外侧土压力较大且地表有一定限制性要求的隧道工程中。

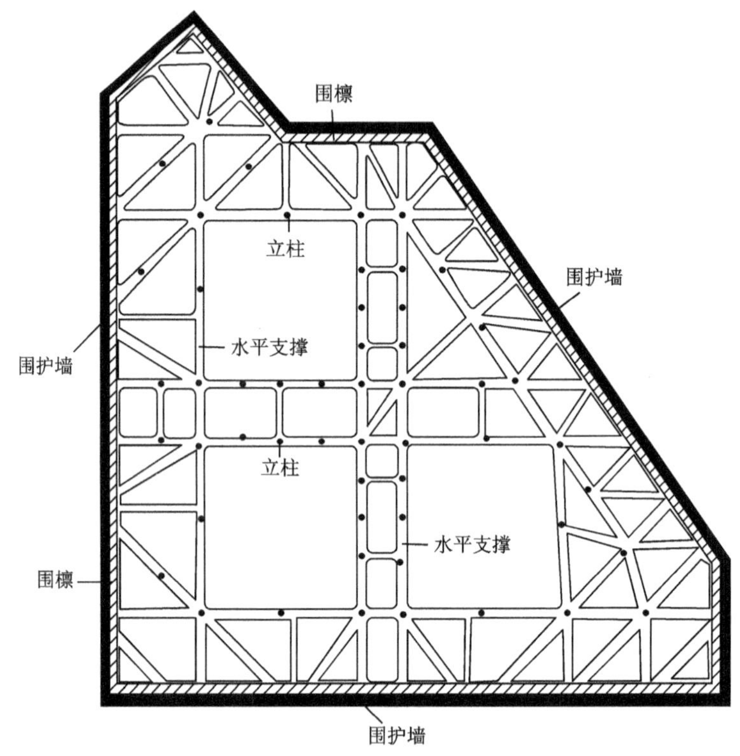

图 7-4　内支撑系统示意图

明挖顺作基坑施工工法的选择，应根据工程地质条件、开挖工程规模、地面环境条件、交通状况等因素综合确定。

若基坑所处地面空旷，周围无建筑物或建筑物间距很大，地面有足够空地能满足施工需要又不影响周围环境时，则采用放坡基坑施工。这种基坑施工简单、速度快、噪声小，无须做围护结构。如果因场地限制，基坑边坡坡度稍陡于规范规定时，则可采用适当的挡土结构，如土钉加混凝土喷抹面对边坡加以支护。即使如此，该方法的造价仍然是较低的。

如果基坑很深，地质条件差，地下水位高，特别是又处于繁华市区，地面建筑物密集，交通繁忙，无足够空地满足施工需要，没有条件采用敞口放坡基坑时，则可采用有围护结构的基坑。

（2）盖挖顺作法

盖挖顺作法是在地表作业完成围护结构后，然后将覆盖结构（包括纵、横梁和路面板）置于围护结构上维持交通，往下反复进行开挖和加设横撑，直至设计高程。施工顺序由下而上，先施工主体结构和防水措施，然后回填土并恢复管线路或埋设新的管线路，最后视需要拆除围护结构外露部分并恢复道路，如图 7-5 所示。

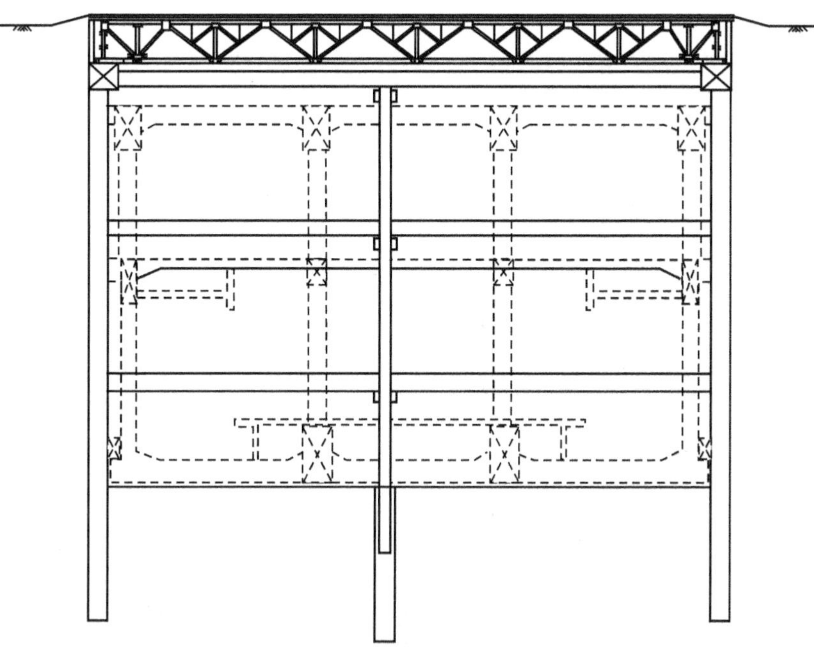

图 7-5　盖挖顺作法

盖挖顺作法主要依赖坚固的围护结构，根据现场条件、地下水位高低、开挖深度以及周围建筑物的邻近程度可选择钢筋混凝土钻（挖）孔灌注桩或地下连续墙，对于饱和的软弱地层应以刚度大、止水性能好的地下连续墙为首选方案。目前，盖挖顺作法中的围护结构常用来作为主体结构边墙体的一部分或全部。

盖挖顺作法的优点是：施工方法及结构防水简单，技术成熟可靠，施工质量容易保证。能在最短时间内恢复地面交通，对地面交通及周围环境的影响时间短。施工作业主要在盖挖顶板下行，受季节施工影响较小，噪声和扬尘控制较好。其缺点是：需设置临时路面，车站跨度较大时还需设置临时竖向支撑及桩基，土建工程造价较高；需两次占用地面道路，施工临时铺盖和拆除临时铺盖系统；需拆除改移工程用地范围内的建筑物及地下管线。

（3）盖挖逆作法

盖挖逆作法是由地面向下开挖至一定深度后，先施作围护结构、中间桩和柱、主体结构顶板，并完成主体结构顶板覆土及路面交通恢复，然后在顶板保护下从上向下开挖土体，并从上向下施作主体结构的侧墙、中板、纵横梁、底板以及防水层，如图 7-6 所示。

盖挖逆作法是在明挖内支撑基坑基础上发展起来的，施工过程中不需设置临时支撑，而是借助结构顶板、中板自身的水平刚度和抗压强度实现对基坑围护桩（墙）的支护作用。

下列情况宜采用盖挖逆作法施工：

①如果开挖面较大、覆土较浅、周围沿线建筑物过于靠近会引起建筑物沉陷，为了防止因开挖基坑面引起邻近建筑物的沉陷。

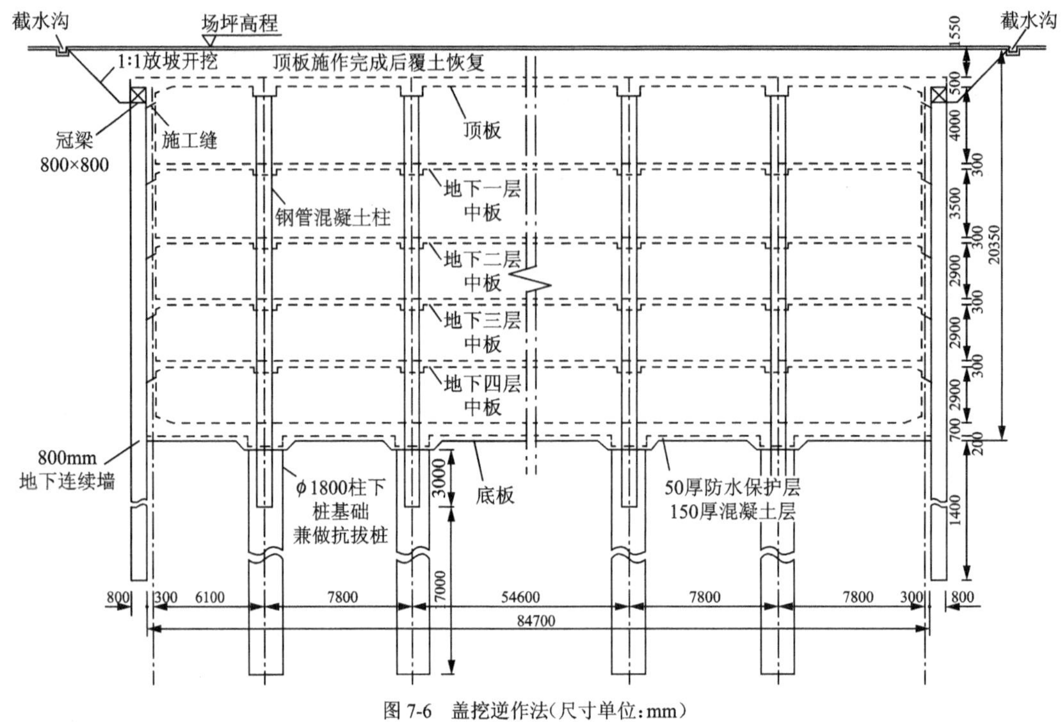

图 7-6 盖挖逆作法(尺寸单位:mm)

②需及早恢复路面交通,但又缺少定型预制铺盖结构或者仅可进行一次短期地面开挖。

③开挖深度较大,开挖或修筑主体结构需较长时间,特别需要保证施工安全。

盖挖逆作法的优点是:各层楼板作为横向支撑,水平刚度较大,可有效控制地面沉降,对周围建筑物和地下管线的保护具有良好的效果。仅在施工围护结构和顶板期间占用道路,对地面交通及周围环境的干扰时间较短。竖向和水平支撑构件均采用永临结合构件,混凝土及钢构件拆除工程量小。施工作业主要在盖挖顶板下进行,受季节施工影响较小,噪声和扬尘控制较好。其缺点是:施工难度较大,由于受力特点、混凝土硬化收缩和自身沉降等影响,对施工质量控制要求较高;需设置临时竖向支撑及桩基,土建工程造价较高;顶板以下大型施工机械难于展开,施工效率较低,工程周期较长;需拆除改移工程用地范围内的建筑物及地下管线。

盖挖半逆作法(图 7-7)与盖挖逆作法的区别仅在于在顶板完成及恢复路面后,由上向下逐步挖土并加设各道支撑至设计高程后,在基坑内的预定位置由下而上建造主体结构及其防水措施。

由上述可知,盖挖顺作法与明挖顺作法在施工顺序和技术难度上差别不大,仅挖土和出土工作因受覆盖板的限制,无法使用大型机具,需要采用专用的小型、高效机具和详尽的施工组织方案。而盖挖逆作和半逆作法与明挖顺作法相比,除施工顺序不同外,还具有以下特点:

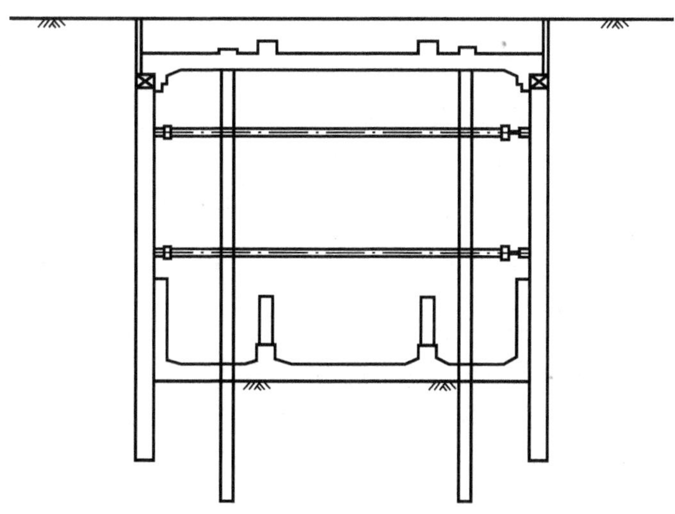

图 7-7　盖挖半逆作法

①对围护结构和中间桩柱的沉降量控制严格，以免围护结构和中间桩柱之间差异沉降过大引起较大的附加应力对上部结构受力造成不利影响。

②中间柱通常为永临结合构件，则其安装就位困难，施工精度要求高，垂直度控制在1/1000 以内。

③为了保证不同时期施工的构件相互间的连接能达到预期的设计状态，必须将各种施工误差控制在较小的范围内，并由可靠的连接构造措施。

④盖挖逆作法除在非常软弱的地层中使用，一般不需再设置临时横撑，不仅可节省大量钢材和混凝土，也为施工提供了便利。

⑤盖挖逆作法全阶段和盖挖半逆作法施工顶板阶段，由于是自上而下分层建筑主体结构，故可利用土模技术，可以节省大量模板，也为施工提供了便利。

⑥和盖挖顺作法一样，其挖土和出土往往成为决定工程进度的关键工序。但同时又因为施工是在顶板和边墙的保护下进行的，安全可靠，并不受外界气象条件的影响。

尽管盖挖法施工有很多特点和应注意的地方，但其基本工序的施工方法、技术要求和明挖顺作法都是大同小异的。

7.1.2　敞口放坡基坑

采用敞口放坡基坑修建地下结构时，保证基坑边坡的稳定是非常重要的，否则，一旦边坡坍塌，不但地基受到扰动，影响承载力，而且也影响周围地下管线、地面建筑物、交通和人员安全。

（1）影响边坡稳定的因素

基坑边坡坡度是直接影响基坑稳定的重要因素，当基坑边坡土体中的剪应力大于土体的抗剪强度时，边坡就会失稳坍塌。其次，施工不当也会造成边坡失稳。主要表现在：

①没有按照设计坡度进行边坡开挖。

②基坑边坡坡顶堆放材料、土方以及运输机械车辆等增加附加荷载。

③基坑降排水措施不利。地下水未降至基底以下，而地面雨水、基坑周围地下给水排水管线漏水渗流至基坑边坡的土层中，使土体湿化，土体自重加大，增加土体中的剪应力。

④基坑开挖后暴露时间过长，经风化而使土体变松散。

⑤基坑开挖过程中，未及时刷坡，甚至挖反坡，使土体失去稳定性。

（2）基坑边坡处理措施

为保持基坑边坡的稳定，可采取以下措施：

①根据土层的物理力学性质确定基坑边坡坡度，并于不同土层处做成折线形成留置台阶。

②必须做好基坑降排水和防洪工作，保持基底和边坡的干燥。

③因基坑放坡坡度受到一定限制而采用围护结构又不太经济时，可采用坡面土钉、挂网喷混或抹水泥砂浆护面。

④严格控制在基坑边坡坡度 1 ～ 2m 范围堆放材料、土方和其他重物以及较大的机械设备等。

⑤基坑开挖过程中，随挖随刷边坡，不得挖反坡。

⑥暴露时间在一年以上的基坑，一般应采取护坡措施。

7.1.3 具有围护结构的基坑

目前，地下结构明挖基坑所采用的围护结构种类很多，其施工方法、工艺和所使用的施工器械也各不相同。因此，应根据基坑深度、工程地质和水文地质条件、地面环境条件等，特别要考虑到城市施工这一重要特点，经综合比较后确定。

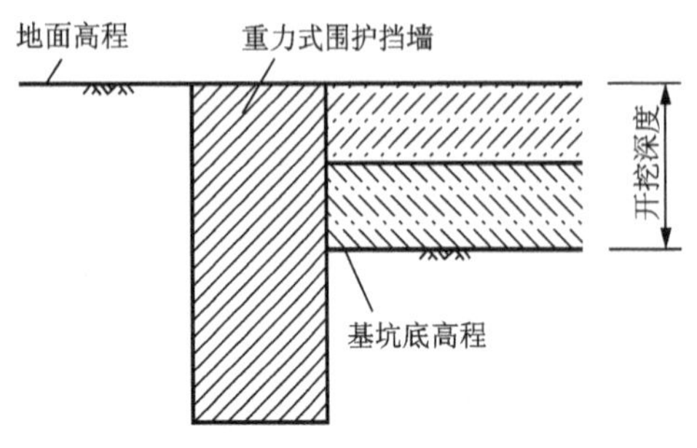

图 7-8 水泥土重力式挡土墙

（1）水泥土重力式挡土墙

水泥土重力式挡土墙是以水泥系材料为固化剂，通过高压旋喷桩或搅拌机械将固化剂和地基土强行搅拌，经过一系列的物理化学反应，而形成具有一定强度、整体性和水稳性连续搭接的水泥土柱状加固体挡土墙，靠挡土墙自身的强度抵抗水土压力，如图 7-8 所示。

基坑的开挖深度越深，墙体的侧向位移就越大，墙体宽度就越宽，造价就越高，根据工程经验，当基坑开挖深度不超过 7m 时，可考虑采用水泥土重力式挡土墙，当周边环境要求较高时，基坑开挖深度宜控制在 5m 以内。

水泥土搅拌桩和高压旋喷桩在淤泥质土、含水率较高而地基承载力小于 120kPa 的黏土、粉土、砂土等软土地基中施工效果较好；对于地基承载力较高、黏性较大或较密实的黏土或砂土，可采用先行钻孔套打、添加外加剂或其他辅助方法进行施工。

水泥土重力式挡土墙在施工过程中周边土体会产生一定的隆起或侧移，且在基坑开挖阶段墙体的侧向位移较大，会使基坑外一定范围的土体产生沉降和变位。

水泥土重力式挡土墙的优点是：由于一般基坑坑内无支撑，便于机械化快速挖土，施工速度较快；水泥土重力式挡土墙连续搭接，渗透系数小，墙体具有较好的隔水性能；施工中无振动、无噪声、污染少、挤土轻微，因此在闹市区内施工更显出其优越性；工程造价相对较低，具有良好的经济效益。其缺点是：水泥土桩的材料强度较低，其抗拉能力几乎为零；桩体强度受施工因素影响导致水泥土桩的质量离散性较大；水泥土重力式挡土墙属于自立式挡土墙，在软土地集中变形位移相对较大，对邻近建筑物或地下建筑影响较大；水泥土重力式挡土墙厚度较大，只有在道路红线宽度和周围环境允许时才能采用；适用范围受限，搅拌桩对土层地质条件要求较高，对于土质条件较差的土层，水泥土重力式挡土墙应谨慎采用。

（2）型钢桩

型钢桩是在基坑开挖前，在地面采用冲击式打桩机沿基坑设计边线打入工字钢或者 H 型钢，依靠工字钢自身刚度和强度抵抗土体压力的一种围护结构形式，如图 7-9 所示。

图 7-9　型钢桩

基坑开挖时，随挖土方随在桩间插入 50mm 厚的水平背板，以挡住桩间土体。作为基坑围护结构的工字钢，一般采用 50 号、55 号、60 号工字钢。基坑开挖前，桩间距一般为

1.0 ～ 1.2m。基坑开挖至一定深度后，若悬臂工字钢的刚度和强度都不够大，就需要设置腰梁和横撑或锚杆(索)，腰梁多采用大型槽钢、工字钢制成，横撑则可采用钢管或组合钢梁。

型钢桩围护结构适用于黏性土、砂性土和粒径不大于 100mm 的砂卵石地层；当地下水位较高时，必须配合人工降水措施。

型钢桩的优点是：型钢横截面较小，型钢桩在多种地层中的贯入能力较强；其对地层产生的扰动较为轻微，从而预防因为打桩作业而引起的地面不良现象，例如侧向挤动、隆起等；型钢桩对地表沉降变形控制要求不是很严格的情况下造价相对较低且施工速度快；型钢可在施工完毕后拔出，可重复利用，经济性好。其缺点是：型钢桩桩间距较大，在土体自稳性较差和地下水位较高的地层应慎用；型钢桩在打入时有挤土现象，而拔出时则又会将土体带出，造成土体间空隙，对周边环境会造成一定的影响；型钢桩在施工过程中打桩噪声较大，不适用于城市市区基坑工程；型钢桩为压力桩，适用基坑深度较浅。

（3）钢板桩

钢板桩是一种带锁口或钳口的热轧（或冷弯）型钢，钢板桩打入后靠锁口或钳口相互连接咬合，形成连续的钢板桩围护墙，用来挡土和挡水。就单位刚度与承载力的比值而言，钢板桩效果较好，如图 7-10 所示。

图 7-10　钢板桩

钢板桩常用断面形式，多为 U 形或 Z 形。我国基坑施工中多用 U 形钢板桩，其沉放和拔除方法、使用的机械均与型钢桩相同，但其构成方法则可分为单层钢板桩围堰、双层钢板桩围堰及屏幕等。由于施工时基坑较深，为保证其垂直度且方便施工，并使其能封闭合龙，多采用屏幕式构造。

其特点和型钢桩基本类似，区别之处在于桩与桩之间的连接紧密，隔水效果好，在防水要求不高的工程中，可用于自身防水，不必另行设置隔水帷幕。

（4）钢筋混凝土板桩

钢筋混凝土板桩不仅仅是单独的板桩式构件，而是指由钢筋混凝土板桩构件沉桩后形成的组合桩体，是一种易工厂化、装配化的基坑围护结构。钢筋混凝土板桩是在基坑开挖前，将提前预制好的板状构件沉桩后形成的组合桩体，如图 7-11 所示。

图 7-11　钢筋混凝土板桩

钢筋混凝土板桩具有强度高、刚度大、取材方便、施工简易等优点，其外形可以根据需要设计制作，槽榫结构可以解决接缝防水，与钢板桩相比不必考虑拔桩问题，因此在基坑工程中占有一席之地，在地下连续墙、钻孔灌注桩排桩式挡墙尚未发展以前，基坑围护结构基本采用钢板桩和混凝土板桩。

钢筋混凝土板桩适用于开挖深度小于 10m 的中小型工程；大面积基坑内的小基坑即“坑中坑”工程，不必坑内拔桩，降低作业难度。

钢筋混凝土板桩的优点是：其具有强度高、刚度大、取材方便、施工简易等优点，其外形可以根据需要设计制作，槽榫结构可以解决接缝防水等问题。其缺点是：预制混凝土板桩施工较为困难，对机械要求高，而且挤土现象严重；自重大，受起重设备限制，不适宜太深基坑。

（5）灌注桩

灌注桩系是指在工程现场通过机械钻孔、钢管挤土或人力挖掘等手段在地基土中形成桩孔，并在其内放置钢筋笼、灌注混凝土而做成的桩，依照成孔方法不同，灌注桩又可分为钻孔灌注桩、挖孔灌注桩和沉管灌注桩等几类。

钻孔灌注桩一般采用机械成孔。分为泥浆护壁成孔［正反循环回转钻、冲抓（击）钻、旋挖钻、潜水钻］、干作业成孔（长螺旋钻孔、人工挖孔）、沉管成孔。

①泥浆护壁钻孔灌注桩。

泥浆护壁钻孔灌注桩是通过桩机在泥浆护壁条件下慢速钻进，将钻渣利用泥浆带出，并保护孔壁不致坍塌，成孔后再使用水下混凝土浇筑的方法将泥浆置换出来而成的桩，如图 7-12 所示。泥浆护壁是国内最为常用的成桩方法，应用范围较广，可用于各种地质条件，护壁效果好，成孔质量可靠；施工无噪声、无振动、无挤压；机具设备简单，操作方便，费用较低。

但此法成孔速度慢，效率低，用水量大，泥浆排放量大，污染环境，扩孔率较难控制，适用于地下水位较高的软、硬土层，如淤泥、黏性土、砂土，软质岩等土层。

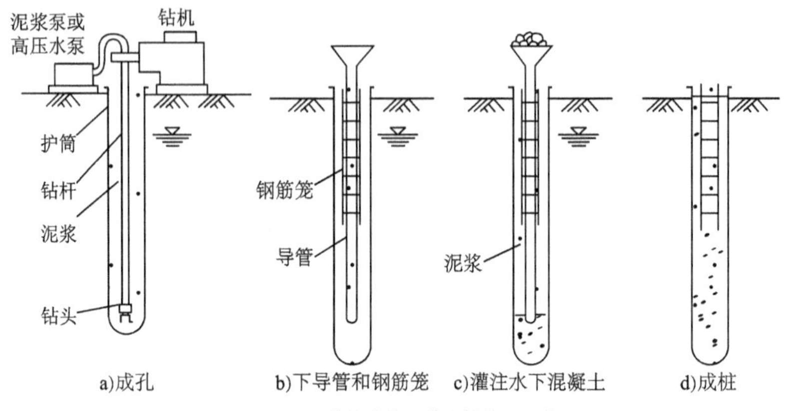

图 7-12　泥浆护壁钻孔灌注桩施工工艺

②长螺旋钻孔灌注桩。

长螺旋钻孔灌注桩系用长螺旋钻机（图 7-13）钻孔，至设计深度后进行孔底清理，下钢筋笼，灌注混凝土成桩。其特点是成孔不用泥浆或套管护壁，施工无噪声、无振动，对环境无泥浆污染；机具设备简单，装卸移动快速，施工准备工作少，工效高，降低施工成本等，适用于地下水位以上的一般黏性土、砂土及人工填土等土层。

图 7-13　长螺旋钻机

③挖孔灌注桩。

挖孔灌注桩又称为人工挖孔桩（图 7-14），因其具有施工机具简单，施工操作方便，占用施工场地小，对周围建筑物影响小，施工质量可靠，可全面展开施工，缩短工期等优点，而得到广泛应用。挖孔桩井下作业条件差、环境恶劣、劳动强度大，安全和质量显得尤为重要。场地内打降水井抽水，当确因施工需要采取小范围抽水时，应注意对周围地层及建筑物进行观察，发现异常情况应及时通知有关单位进行处理。人工挖孔桩适用于土质较好、地下水位较低的黏土、亚黏土、含少量砂卵石的黏土层。对软土、流砂、地下水位较高、涌水量大的土层不宜采用。

④沉管灌注桩。

沉管灌注桩是指利用锤击打桩法或者振动打桩法，将带有活瓣式桩尖或预制钢筋混凝土桩靴的钢套管沉入土中，然后边浇筑混凝土（或先在管内放入钢筋笼），边锤击或振动边拔管而成的桩，施工工艺如图 7-15 所示。前者称为锤击沉管灌注桩，后者称为振动沉管灌注桩。

图 7-14　人工挖孔桩

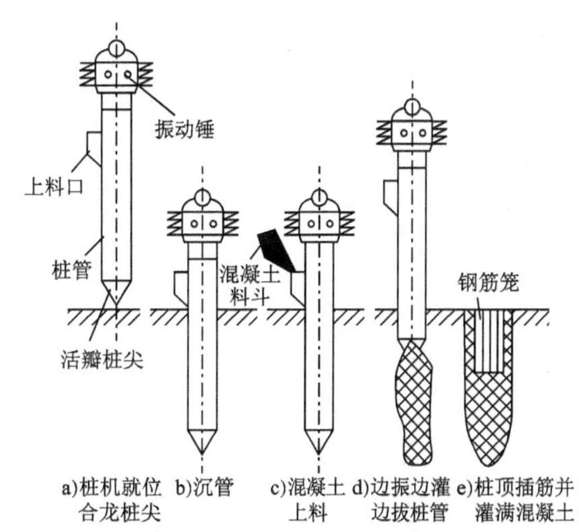

图 7-15　沉管灌注桩施工工艺

与一般的钻孔灌注桩相比，沉管灌注桩避免了一般钻孔灌注桩桩尖浮土造成的桩身下沉，持力不足的问题，同时也有效改善了桩身表面浮浆现象，此外，该工艺也更节省材料。但是沉管灌注桩施工质量不易控制，拔管过快容易造成桩身缩颈，而且由于是挤土桩，先期浇筑好的桩易受到挤土效应而产生倾斜断裂甚至错位。由于施工过程中，锤击会产生较大噪声，振动会影响周围建筑物，因而不太适合在市区应用，已有一些城市在市区禁止使用。该工艺非常适合土质疏松、地质状况比较复杂的地区，但遇到土层较大孤石时，该工艺无法实施。

（6）地下连续墙

地下连续墙是基础工程在地面上采用一种挖槽机械，沿着深开挖工程的周边轴线，在泥浆护壁条件下，开挖出一条狭长的深槽，清槽后，在槽内吊放钢筋笼，然后用导管法灌筑水下混凝土筑成一个单元槽段，如此逐段进行，在地下筑成一道连续的钢筋混凝土墙壁，起到止水和挡土的作用，如图 7-16 所示。

地下连续墙可适用于多种土层，除夹有孤石、大颗粒卵砾石等局部障碍物时影响成槽效率外，对黏土、无黏性土、卵砾石等各种地层均能高效成槽。

图 7-16　地下连续墙

地下连续墙施工应采用专用的挖槽设备，沿着基坑的周边，按照事先划分好的幅段，开挖狭长的沟槽。挖槽方式可分为抓斗式、冲击式、回转式等类型。

地下连续墙的墙体厚度宜根据成槽

图 7-17　地下连续墙成槽机

机（图 7-17）的规格，选取 600mm、800mm、1000mm、1200mm。地下连续墙的一字形槽段长度宜取 4 ～ 6m。当成槽施工可能对周边环境产生不利影响或槽壁稳定性较差时，应取较小的槽段长度。必要时，宜采用搅拌桩对槽壁进行加固；地下连续墙的转角处或者有特殊要求时，单元槽段的平面形状可采用 L 形或 T 形。

在工程应用中地下连续墙已被公认为是深基坑工程中最佳的挡土结构之一，它具有以下显著的优点：

①施工具有低噪声、低振动等优点，工程施工对环境的影响小。

②连续墙刚度大、整体性好，基坑开挖过程中安全性高，支护结构变形较小。

③墙身具有良好的抗渗能力，坑内降水时对坑外的影响较小。

④施工期间不需降水，不需挡土护坡，不需立模板与支撑，把施工护坡与永久性工程融为一体。

⑤可作为地下室结构的外墙，可配合逆作法施工，以缩短工程的工期、降低工程造价。

在目前工程施工中，地下连续墙仍存在以下需改进问题：

①弃土及废泥浆的处理问题，除增加工程费用外，如处理不当，还会造成新的环境污染。

②一般用地下连续墙只作围护挡墙时，造价稍高，不够经济。

③接缝施工不当是渗漏发生的主要原因，且施工质量控制的难度较大。

④墙面不够光滑，如为“二墙合一”，即同时作为地下结构的外墙时，尚需加工处理或另作衬壁。

（7）型钢水泥土搅拌墙

型钢水泥土搅拌墙，通常称为 SMW 工法。SMW 工法是一种在连续套接的三轴水泥土搅拌桩内插入型钢形成的复合挡土截水结构，即利用三轴搅拌桩钻机在原地层中切削土体，同时钻机前端低压注入水泥浆液，与切碎土体充分搅拌形成截水性较高的水泥土柱列式挡墙，在水泥土浆液尚未硬化前插入型钢的一种地下工程施工技术（图 7-18）。

型钢水泥土搅拌墙中的三轴水泥土搅拌桩宜采用直径 650mm、850mm、1000mm 的钢管，内插的型钢宜采用 H 型钢。当搅拌桩的直径为 650mm 时，内插 H 型钢截面宜采用 H500×300、H500×200；当搅拌桩的直径为 850mm 时，内插 H 型钢截面宜采用

H700×300；当搅拌桩的直径为 1000mm 时，内插型钢截面宜采用 H800×300、H850×300。常用的内插型钢布置形式可采用密插型、插二跳一型和插一跳一型三种。

图 7-18　SMW 工法桩基坑

SMW 工法桩在施工时采用三轴螺旋钻机，适用土层范围较广，包括填土、淤泥质土、黏性土、粉土、砂性土、饱和黄土等。如果采用预钻孔工艺，还可用于较硬质地层。

SMW 工法桩在工程使用中的优点如下：

①该工法无须开槽或钻孔，不存在槽（孔）壁坍塌现象，从而可以减少对邻近土体的扰动。

②在地下水位较高的地层中，SMW 工法桩本身就已经具有较好的截水效果，不需额外施工截水帷幕。

③型钢水泥土搅拌墙与地下连续墙、钻孔灌注桩等围护形式相比，工艺简单、成桩速度快。

④三轴水泥土搅拌桩施工过程无须回收处理泥浆。少量水泥土浮浆可以存放至事先设置的基槽中，限制其溢流污染，待自然固结后运出场外，基本上无泥浆污染。

⑤除特殊情况由于受到周边环境条件的限制，型钢在地下室施工完毕后不能拔除外，绝大多数情况内插型钢可以拔除，实现型钢的重复利用，降低工程造价。

其在工程使用中仍存在以下问题：

①目前型钢水泥土搅拌墙主要应用于沿海软土地区，并积累了一定的经验。在其他地区特别是在内地硬土地区应用较少。

②对型钢水泥土搅拌墙的一些设计施工参数还没有统一的标准，如搅拌桩的水泥用量、水灰比等问题，因此施工单位经常凭经验施工，施工质量难于保证。

③与地下连续墙、钻孔灌注桩相比，型钢水泥土搅拌墙的刚度较低，因此常常会产生相对较大的变形，在对周边环境保护要求较高的工程中，例如基坑紧邻运营中的地铁隧道、历

史保护建筑、重要地下管线时，应慎重选用。

7.2 喷锚暗挖法

喷锚暗挖法又称为矿山法，对地层的适应性较广，适用于结构埋置较浅，地面建筑物密集，交通运输繁忙、地下管线密布，及对地面沉降要求严格的城镇地区地下构筑物施工。喷锚暗挖法施工分为新奥法和浅埋暗挖法。

7.2.1 新奥法

（1）概述

新奥法是应用岩体力学理论，以维护和利用围岩的自承能力为基点，在利用围岩本身所具有的承载效能的前提下，以控制爆破技术为开挖手段，进行全断面开挖施工，采用锚杆和喷射混凝土为主要支护手段，及时地进行支护，控制围岩的变形和松弛，使围岩成为支护体系的组成部分，通过监测控制围岩的变形，动态修正设计参数和变动施工方法的一种隧道施工方法，同时它又是一系列指导隧道设计和施工的原则，其核心内容就是充分发挥围岩的自承能力。

（2）新奥法特点

①新奥法在设计和施工中的特点：

a. 最大限度地保持围岩的固有强度，以发挥围岩的自承能力。

b. 预计围岩有较大变形和松弛时，应对开挖面施作保护层，而且应在恰当的时候敷设，过早或过迟均不利。

c. 衬砌需要加强的区段，不是增大混凝土的厚度，而是增加钢筋网、钢支撑和锚杆，使隧道全长范围采用大致相同的开挖断面。

d. 为正确掌握和评价围岩与支护的时间特性，可在进行室内试验的同时，在现场进行量测。

e. 支护结构及时闭合，形成整体，使围岩的变形进入受控制状态。

f. 采用复合式衬砌，初支锚喷为柔性支护，使围岩体自身的承载能力得到最大限度的发挥，衬砌起安全储备和装饰美化作用。

g. 要用排水的方法降低岩层中的渗透水压力。

②新奥法的设计与施工基本要点。

基本要点可概括为：少扰动、早支护、勤量测、紧封闭。

a. 少扰动：尽量减少对围岩的扰动次数、扰动强度、扰动范围、扰动持续时间。

b. 早支护：开挖后及时适时施作初期喷锚支护，使围岩的变形进入受控制状态。

c. 勤量测：以直观、可靠的测量方法和量测数据准确评价围岩的稳定状态，或判断其动态发展趋势，以便及时调整支护形式和开挖方法，确保施工得以安全顺利进行。

d. 紧封闭：尽快形成对围岩的封闭形支护，有效控制围岩变形，使围岩和支护共同进入受力状态。

（3）施工方法分类

新奥法施工，按其开挖断面的大小和位置，基本上又可分为：全断面法、台阶法、分部开挖法三大类及若干变化方案。

①全断面法。

按隧道设计轮廓线的一次爆破成型的施工方法，如图 7-19 所示。适用于较完整的、坚硬围岩，如Ⅰ、Ⅱ、Ⅲ级围岩。

全断面开挖的优点：施工工序少，相互干扰少，便于组织施工和管理；工作空间大，便于大型机械化施工；施工进度快；施工环境较好。

全断面开挖的缺点：开挖面较大，围岩相对稳定性低；循环工作量较大，要求施工单位有较强的开挖、出渣、运输、支护能力。

采用深孔爆破时，产生的爆破振动较大，对钻爆设计和控制爆破作业要求较高。

②台阶法。

台阶法是新奥法中实用性最广的施工方法。台阶法包括长台阶法（图 7-20）、短台阶法（图 7-21）和超短台阶法（图 7-22）等三种，其划分一般是根据台阶长度来决定的。适用于结构跨度较大，Ⅰ～Ⅴ级围岩都能采用，尤其适用于Ⅳ、Ⅴ级围岩。

台阶法的优点：具有足够的作业空间，施工速度快；有利于开挖面的稳定性，尤其是上部开挖支护后，下部作业较为安全。

台阶法的缺点：上下部作业互相干扰，应注意下部作业时对上部稳定性的影响；台架开挖会增加对围岩的扰动次数。

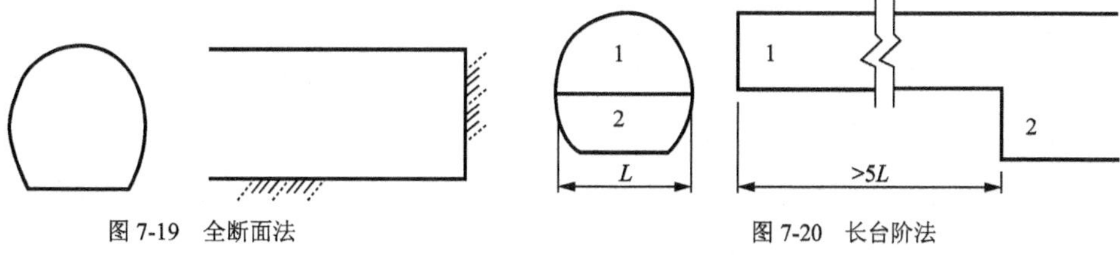

图 7-19　全断面法　　　　图 7-20　长台阶法

③分部开挖法。

分部开挖法可分为三种方案，即：台阶分部开挖法、单侧壁导坑法、双侧壁导坑法。

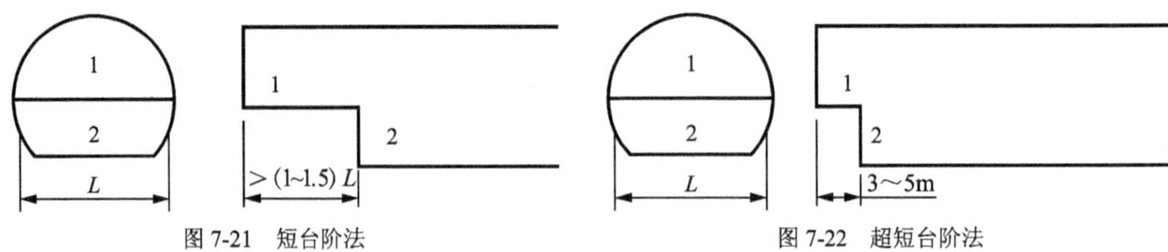

图 7-21 短台阶法

图 7-22 超短台阶法

a. 台阶分部开挖法(环形开挖预留核心土法)。

根据断面的大小,环形拱部又可以分成几块交替开挖,环形开挖进尺为 0.5 ～ 1.0m,不宜过长。上部核心土和下台阶的距离,一般为 1 倍洞跨。适用于一般土质或易坍塌的软弱围岩中,如图 7-23 所示,图中序号①～③为施工步序。

与超短台阶法相比,台阶长度可以适度加长,以减少上下台阶施工干扰;而与侧壁法相比,施工机械化程度可相对提高,施工速度可加快。

开挖中围岩要经受多次扰动,而且断面分块多,支护结构形成全断面封闭的时间长,这些都有可能使围岩变形增大。

b. 单侧壁导坑法。

单侧壁导坑法一般将断面分成侧壁导坑、上台阶、下台阶三块。侧壁导坑宽度不宜超过 0.5 倍洞宽,高度以到起拱线为宜;导坑与台阶的距离以导坑施工和台阶施工不发生干扰为原则;上、下台阶的距离则视围岩情况参照短台阶法或超短台阶法拟定,如图 7-24 所示,图中序号①～③为施工步序。

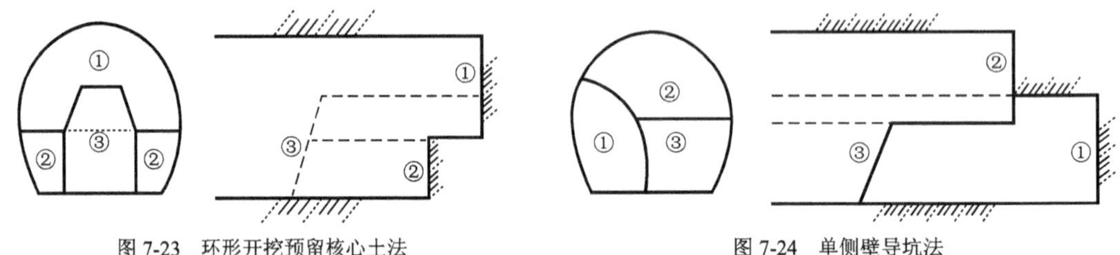

图 7-23 环形开挖预留核心土法

图 7-24 单侧壁导坑法

单侧壁导坑法适用于围岩稳定性较差,断面跨度大,地表沉降难以控制的软弱松散围岩中。

优点:洞室开挖跨度减小,通过形成闭合支护的侧导坑将隧道断面宽度一分为二,有利于围岩稳定。

缺点:导坑要闭合,内侧支护要拆除,增加了材料用量,工程造价相对增加,施工进度较慢。

c. 双侧壁导坑法(眼镜工法)。

一般将断面分成左右侧壁导坑、上台阶、下台阶四块。导坑尺寸的拟定原则同单侧壁导坑,但宽度不宜超过断面最大跨度的 1/3。左右侧壁导坑错开的距离,应根据开挖一侧导坑所引起的围岩应力重分布的影响不致波及另一侧已成导坑的原则确定,如图 7-25 所示,图中序号①～③为施工步序。

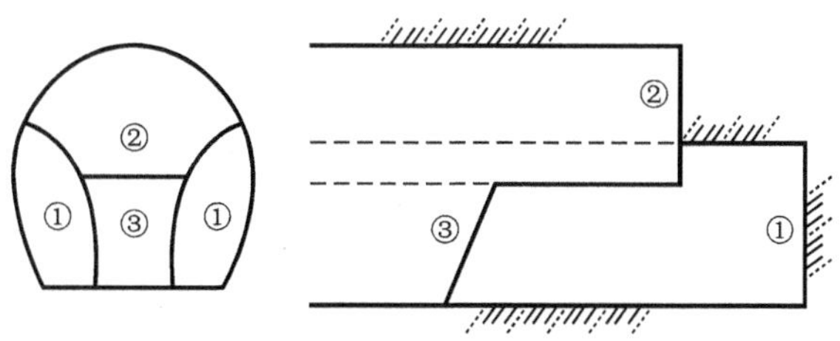

图 7-25　双侧壁导坑法

当隧道跨度很大，或环境要求，或地表沉陷要求严格，围岩条件特别差，单侧壁导坑法难以控制围岩变形时，可采用双侧壁导坑法。现场实测表明，双侧壁导坑法引起的地表沉陷仅为短台阶法的 1/2 左右。适用于软弱围岩中。

双侧壁导坑法虽然开挖断面分块多，扰动大，初期支护全断面闭合的时间长，但每个分块都是在开挖后立即各自闭合的，所以在施工期间变形几乎不发展。

双侧壁导坑法施工安全，但速度较慢，施工成本较高。

7.2.2　浅埋暗挖法

（1）概述

浅埋暗挖法沿用新奥法基本原理，在软弱围岩地层中，以改造地质条件为前提，以控制地表沉降为重点，以格栅和锚喷混凝土作为初期支护手段，按照“18 字”方针（管超前、严注浆、短开挖、强支护、快封闭、勤量测）进行隧道的设计和施工，称之为浅埋暗挖技术。

（2）浅埋暗挖法特点

①设计及施工特点。

a. 浅埋暗挖法基本不考虑围岩的自承能力，采用复合衬砌，初次支护承担全部基本荷载设计，二次衬砌作为安全储备；初次支护和二次衬砌共同承担特殊荷载。

b. 浅埋暗挖法理论源于“新奥法”，如以锚喷作为初期支护手段，尽量减少围岩扰动，初支与围岩密贴，量测信息反馈指导施工等。

c. 浅埋暗挖法施工的地下洞室具有埋深浅（最小覆跨比可达 0.2）、地层岩性差（通常为第四纪软弱地层）、存在地下水（需降低地下水位）、周围环境复杂（邻近既有建、构筑物）等特点。

d. 由于具有造价低、拆迁少、灵活多变、无须太多专用设备及不干扰地面交通和周围环境等特点，浅埋暗挖法在全国类似地层和各种地下工程中得到广泛应用。

e. 浅埋暗挖技术从减少城市地表沉陷考虑，还必须辅之以其他配套技术，比如地层加固、降水等。浅埋暗挖法十分讲究施工方法的选择（尤其是地铁车站多跨结构和大跨结构），一个合理的结构形式和正确的施工方法能起到事半功倍的作用。

②采用浅埋暗挖法的适用条件。

a. 浅埋暗挖法不允许带水作业。如果含水地层达不到疏干，带水作业是非常危险的，开挖面的稳定性时刻受到威胁，甚至发生塌方。大范围的淤泥质软土、粉细砂地层，降水有困难或经济上选择此工法不合算的地层，不宜采用此法。

b. 采用浅埋暗挖法要求开挖面具有一定的自立性和稳定性。我国规范对土体的自立性从定性上提出了要求：工作面土体的自立时间，应足以进行必要的初期支护作业。对开挖面前方地层的预加固和预处理，视为浅埋暗挖法的必要前提，目的就在于加强开挖面的稳定性，增加施工的安全性。

③浅埋暗挖法的施工基本要点

基本要点被概括为18字方针：管超前、严注浆、短进尺、强支护、快封闭、勤量测。在暗挖施工作业时根据地质情况制定相应的开挖步骤和支护措施，严格根据量测数据确定支护参数，保证暗挖作业和周边环境的安全。

a. 管超前：开挖拱部土体自稳能力差，自立时间短，土体凌空后极易坍塌，采用超前支护的各种手段主要提高土体的稳定性，控制下沉，防止围岩松弛和坍塌。

b. 严注浆：导管超前支护后，立即进行压注水泥浆或其他化学浆液，填充围岩空隙，使隧道周围形成一个具有一定强度的壳体，以增强围岩的自稳能力，确保开挖过程中的安全。

c. 短进尺：一次注浆，一次开挖或多次开挖，土体暴露时间越长，进尺越大，土体坍塌的危险就越大，所以一定要严格限制进尺的长度。在施工中可采取预留核心土，目的除减少开挖时间外，预留的土体还可以平衡掌子面的土体，防止滑塌。

d. 强支护：在松散地层中施工，大量土体的重力会直接作用于初期支护结构上，初期支护必须十分牢固，具有较大的刚度，以控制初期结构的变形，保证结构的稳定。

e. 快封闭：在台阶法施工中，如上台阶未封闭成环，变形速度较快，为有效控制围岩松弛，必须及时采用临时仰拱或使支护体系成环。

f. 勤量测：结构的受力最终都表现为变形，可以说没有变形（微观的），结构就没有受力。按照规定频率对规定部位进行监测，掌握施工动态，调整施工参数并设置各部位的变形警戒值，是浅埋暗挖法施工成败的关键。

(3)施工方法分类

采用浅埋暗挖法施工时，依据工程地质、水文情况、工程规模、覆土深度及工期等因素，常用施工方法有全断面法、台阶法、单侧壁导坑法、双侧壁导坑法（眼镜工法）、中隔墙法（CD工法）、交叉中隔墙法（CRD法）、洞桩法（PBA工法）、中洞法及侧洞法。

全断面工法、台阶法、单侧壁导坑法、双侧壁导坑法在新奥法中已经介绍，本处仅针对其他工法进行介绍。

①中隔墙法(CD 工法)。

是以台阶法为基础,将隧道断面从中间分成左右部分,使上、下台阶左右各分成 2 个或多个部分,每一部分开挖并支护后形成独立的闭合单元,如图 7-26 所示,图中序号①～⑥为施工步序。

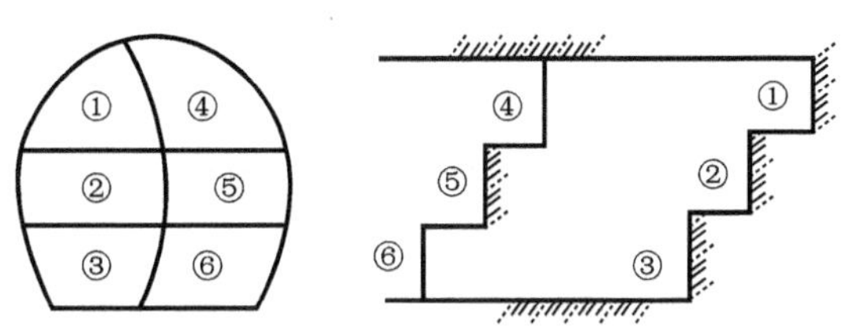

图 7-26　中隔墙法(CD 法)

通过隧道断面中部的临时支撑隔墙,将断面跨度一分为二,减小了开挖断面跨度,使断面受力更合理,从而使隧道开挖更安全、可靠。

中隔墙法主要适用于地层较差的Ⅳ、Ⅴ级围岩地层、不稳定岩体和浅埋段、偏压段、洞口段。一般采用人工开挖、人工和机械配合出碴。可适当采用控制爆破,以免破坏已完成的临时支撑隔墙。

采用该法进行隧道开挖时,台阶长度一般为 1 ～ 1.5 倍洞径(此处洞径取分部高度和跨度的大值)。先开挖一侧断面的最后一步与后开挖断面的第一步间应拉开 1 ～ 1.5 倍洞径的距离。为了稳定工作面,须采取超前大管棚、超前锚杆、超前小管棚、超前预注浆等辅助施工措施进行超前加固。

②交叉中隔墙法(CRD 工法)。

当 CD 工法不能满足控制地表沉降的要求时,可在 CD 工法的基础上增设临时仰拱,即所谓的交叉中隔墙法(也称 CRD 工法)。CRD 工法的最大特点是将大断面化成小断面施工,各个局部封闭成环的时间短,控制早期沉降好,每个步序受力体系完整。因此,结构受力均匀,变形较小外,由于支护刚度大,施工时隧道整体下沉微弱,地层沉降量不大,而且容易控制,如图 7-27 所示,图中序号①～⑥为施工步序。

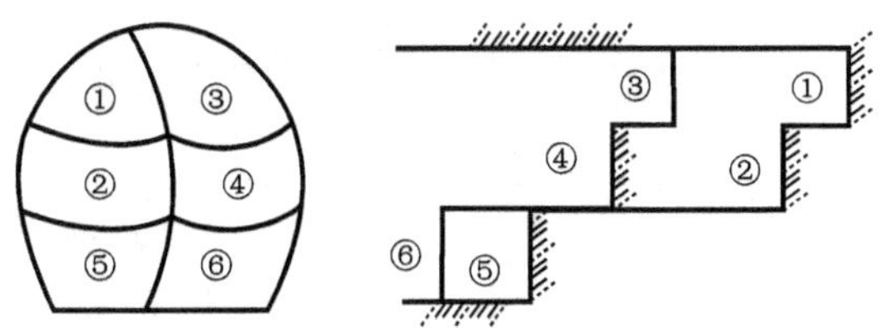

图 7-27　交叉中隔墙法

大量施工实例资料的统计结果表明,CRD 工法优于 CD 工法(前者比后者可减少地面沉降近 50%)。但 CRD 工法施工工序复杂,隔墙拆除困难,成本较高,进度较慢,一般在地面沉降要求严格时使用。

③大断面暗挖施工。

大断面暗挖车站开挖方法的选择受地表沉陷影响较大，变大跨为小跨可减小地表沉降；开挖分块越多，扰动地层次数增多地表沉降就越大；一次支护及时、开挖支护封闭时间越快地表沉降就越小。当采用正确的施工方法和相应的辅助施工措施后，可以做到安全、经济、快速施工的目的。

a. 大断面暗挖主要集中在地铁车站及渡线段。主要工法为：柱洞法（PBA 法，图 7-28）、中洞法（图 7-29）、侧洞法（图 7-30）等（图中带圈数字为施作顺序）。

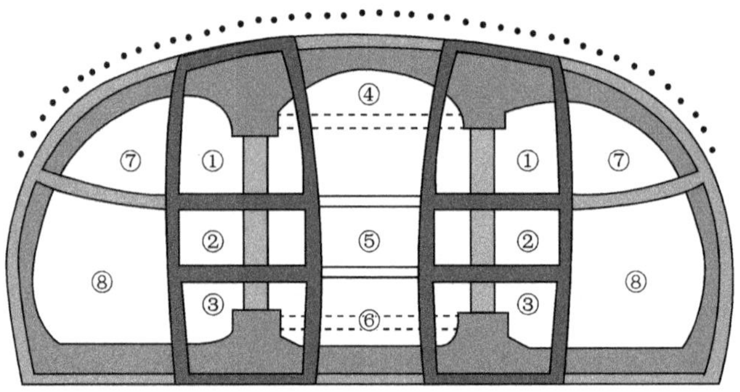

图 7-28　柱洞法（PBA 法）

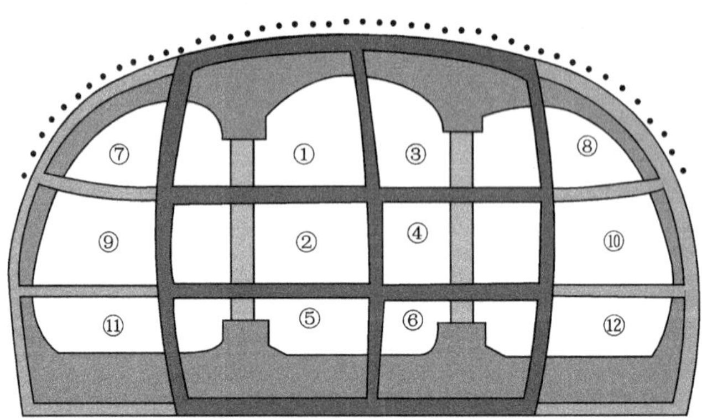

图 7-29　中洞法

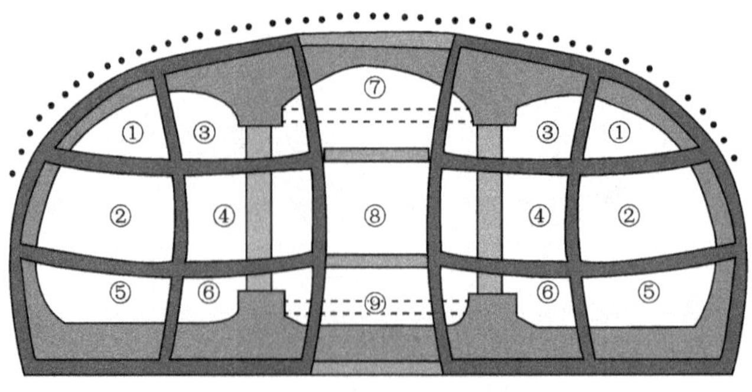

图 7-30　侧洞法

b. 在大断面施工中以下几点值得注意:

a)大断面化为小断面,不是越小越好,要根据地层做调整,小断面固然开挖安全,但多次力的转换,易造成累计沉降过大。

b)较好的方法为洞桩法,但洞桩法导洞多,洞内施工桩,作业条件差。

c)中洞法较为安全,控制沉降好,但该法在完成中洞后,开挖侧洞,由于侧向抵抗侧压的减弱,会造成中洞过大变形,有的造成中拱二衬开裂,二衬不宜过早受力。

d)多层导洞开挖,一般先从上部洞室开挖,然后落底。但是整体下沉总累计沉降较大。为减少累计沉降,可采取反复注浆措施,也可考虑先挖下部导洞,逐层上挖,但开增加超挖增加超前小导管。

④施工过程中应注意以下技术要点及技术措施:

a. 注意控制先行导洞的开挖中线和水平,确保开挖断面圆顺,钢格栅安装位置正确。

b. 尽可能缩短开挖台阶和各开挖分部的施工间隔,使初期支护尽快闭合,以控制围岩变形。

c. 因为中隔壁法工序较多,工序转换使得结构受力复杂,为保证拆除临时格栅时的安全,必须保证各部格栅之间的连接质量。

d. 中隔墙、板拆除时,一定要进行拆除实验,根据监测数据,决定拆除长度。拆除时要有专项拆除方案,采用滑轮、绳索等措施确保安全,严禁采用卷扬机等机械设备连续拆除,一般采用跳仓或换撑拆除等方法。

7.3 盾构法

7.3.1 概述

盾构施工是城市地下隧道施工的主要手段,是暗挖法施工中的一种全机械化施工方法,主要是通过软弱含水层,特别是河底、海底,以及城市居民区修建隧道,它是将盾构机械在地中推进,通过盾构外壳和管片支承四周围岩防止发生往隧道内的坍塌,同时在开挖面前方用切削装置进行土体开挖,通过出土机械运出洞外,靠千斤顶在后部加压顶进,并拼装预制混凝土管片,形成隧道结构的一种机械化施工方法。

图 7-31 盾构机

盾构机(图 7-31)于 1847 年发明,它是一种带有护罩的专用设备。利用尾部已装好的衬砌块作为支点向前推进,用刀盘切割土体,同时排土和拼装后面的预制混凝土衬砌块。

盾构法施工的施工工艺如图 7-32 所示。

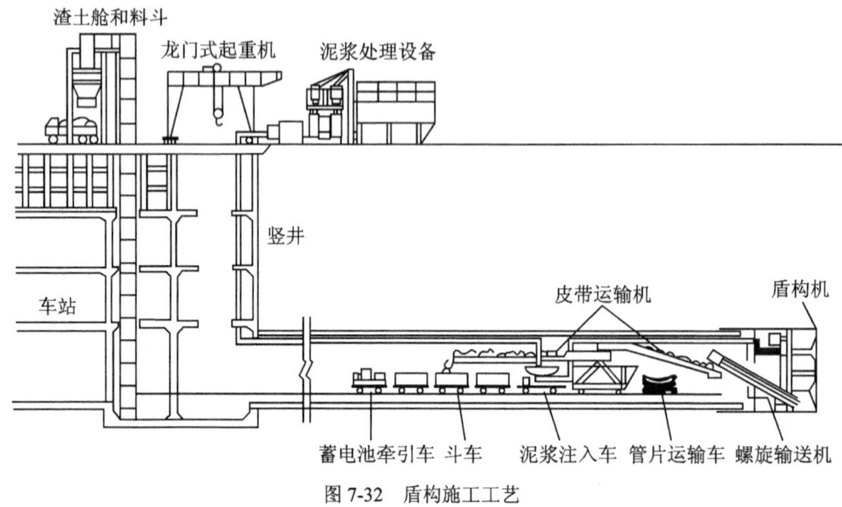

图 7-32 盾构施工工艺

(1)在盾构法隧道的始发端和接收端各建一个工作(竖)井。

(2)盾构在始发端工作井内安装就位。

(3)依靠盾构千斤顶推力(作用在已拼装好的衬砌环和工作井后壁上)将盾构从始发工作井的墙壁开孔处推出。

(4)盾构在地层中沿着设计轴线推进,在推进的同时不断出土和安装衬砌管片。

(5)及时地向衬砌背后的空隙注浆,防止地层移动和固定衬砌环位置。

(6)盾构进入接受工作井并被拆除,如施工需要,也可穿越工作井再向前推进。

盾构法施工得到广泛使用,因其具有明显的优越性:

(1)除竖井施工外,施工作业均在地下进行,既不影响地面交通,又可减少对附近居民的噪声和振动影响。

(2)在盾构的掩护下进行开挖和衬砌作业,有足够的施工安全性。

(3)盾构推进、出土、拼装衬砌等主要工序循环进行,施工易于管理,施工人员也较少。

(4)隧道的施工费用不受覆土量多少影响,适宜于建造覆土较深的隧道。

(5)施工操作不受气候条件的影响。

(6)当隧道穿过河底或其他建筑物时,不影响施工,对地面建筑物及地下管线的影响较小。

(7)只要设法使盾构的开挖面稳定,则隧道越深,地基越差,土中影响施工的埋设物等越多。与明挖法相比,经济上、施工进度上越有利。

盾构法施工目前仍存在以下一些问题:

(1)当隧道曲线半径过小时,施工较为困难。

（2）在陆地建造隧道时，如隧道覆土太浅，则盾构法施工困难很大，而在水下时，如覆土太浅则盾构法施工不够安全。

（3）盾构施工中采用全气压方法以疏干和稳定地层时，对劳动保护要求较高，施工条件差。

（4）盾构法隧道上方一定范围内的地表沉陷尚难完全防止，特别在饱和含水松软的土层中，要采取严密的技术措施才能把沉陷限制在很小的限度内。

（5）在饱和含水地层中，盾构法施工所用的拼装衬砌，对达到整体结构防水的技术要求较高。

7.3.2　盾构机分类

盾构机分为土压平衡式盾构机和泥水平衡式盾构机。

（1）土压平衡盾构掘进机

①工作原理。

土压平衡盾构掘进机是利用安装在盾构最前面的全断面切削刀盘，将切削下来的正面土体送入刀盘后面的密封舱内，并使舱内具有适当压力（与开挖面水土压力平衡），以减少盾构推进对地层土体的扰动，从而控制地表沉降，在出土时由安装在密封舱下部的螺旋运输机向排土口连续地将土碴排出。其适用于变形较大的淤泥、软弱黏土、黏土、粉质黏土、粉砂、粉细砂等土层。

②土压平衡盾构法施工特点。

a. 在易发生流砂的地层中能稳定开挖面，可在正常大气压下施工作业，无需用气压法施工。

b. 泥水压力传递速度快而均匀，开挖面平衡土压力的控制精度高，对开挖面周边土体的干扰少，地面沉降量的控制精度高。

c. 盾构出土由泥水管道输送，速度快而连续，施工进度快。

d. 刀具、刀盘磨损小，易于长距离盾构施工。

e. 刀盘所受扭矩小，更适合大直径隧道的施工。

f. 需要较大规模的泥水处理设备及设置泥水处理设备的场地。

（2）泥水平衡盾构机

①工作原理。

泥水平衡盾构机是在机械式盾构大刀盘后面设置一道隔板，隔板与刀盘之间作为泥水舱，在开挖面和泥水舱中充满加压的泥水，通过加压作用，保证开挖面土体的稳定。盾构推进时开挖下来的土体进入泥水舱，由搅拌装置进行搅拌，搅拌后的高浓度泥水用流体输送系统送出地面，把送出的浓泥水进行水土分离，然后把分离后的泥水再送入泥水舱，不断循环使用，其全部工程均由中央控制台综合管理，可实现施工自动化。其适用于以砂性土为主的洪积地层，也较适用于以黏性土为主的冲击地层，但泥水处理费用较高。

②泥水平衡盾构法施工特点。

a. 在易发生流砂的地层中能稳定开挖面，可在正常大气压下施工作业。

b. 通过注入适当压力的泥浆来支承开挖面的土压力和水压力，泥水传递速度快而且均匀，开挖面平衡土压力的控制精度高，对开挖面周围的土体干扰下，地面沉降量控制精度高。

c. 切削面及泥水舱中充满泥水，对刀具、刀盘起到一定的润滑作用，摩阻力与土压平衡盾构相比要小，因而相对土压平衡盾构而言，其刀具、刀盘的寿命要长，刀盘扭矩小。

d. 泥土采用泥水管道输送，输送速度快而连续，需要较大规模的泥水处理设备及设置的场地。

e. 掘削下来的渣土转换成泥水通过管道输送，减少了蓄电池平车的运输量，辅助工作少，故效率比土压平衡盾构高。

f. 由于采用封闭管道输送废土，没有出渣矿车，无渣土散落，环境比土压平衡盾构要好。

7.3.3 盾构衬砌管片分类

盾构法修建的区间隧道衬砌有预制装配式衬砌、预制装配式衬砌和模筑钢筋混凝土整体式衬砌相结合的双层衬砌及挤压混凝土整体式衬砌三大类，如图 7-33 所示。

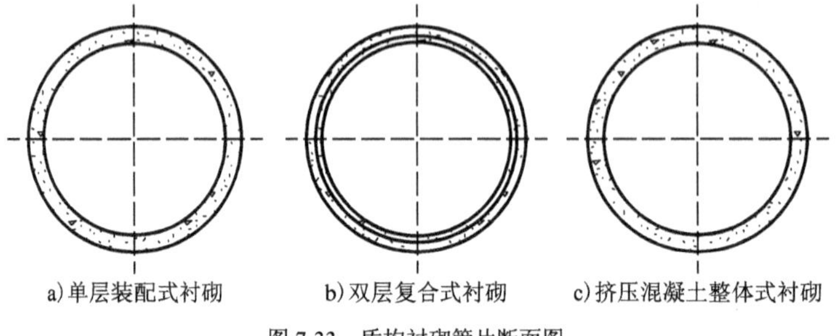

图 7-33　盾构衬砌管片断面图

（1）预制装配式衬砌

是用工厂预制的构件，称为管片，在盾构尾部拼装而成的。

管片种类按材料可分为钢筋混凝土、钢、铸铁以及由几种材料组合而成的复合管片。

①钢筋混凝土管片的耐压性和耐久性都比较好，目前已可生产抗压强度达 60MPa、抗渗等级大于 P12 级的管片，由其组成的衬砌防水性能有保证。

②钢管片。强度高，具有良好的可焊接性，便于加工和维修，质量轻也便于施工。与混凝土管片相比，其刚度小、易变形，而且钢管片的抗锈蚀性能差，在不做二次衬砌时，必须采取抗腐、抗锈措施。

③铸铁管片。强度高,防水和防锈蚀性能好,易加工。和钢管片相比,刚度亦较大,故在早期的地下铁道区间隧道中得到广泛的应用。

钢和铸铁管片价格较贵,现在除了在需要开口的衬砌环或预计将承受特殊荷载的地段采用外,一般都采用钢筋混凝土管片。

按管片螺栓手孔成型大小,可将管片分为平板型和箱型两类。

①平板型管片。是指因螺栓手孔较小或无手孔而呈曲板型结构的管片,由于管片截面削弱少或无削弱,故对盾构千斤顶推力具有较大的抵抗力,对通风的阻力也较小。无手孔的管片也称为砌块,现代的钢筋混凝土管片多采用平板型结构。

②箱型管片。是指因手孔较大而呈肋板型结构,手孔较大不仅方便了接头螺栓的穿入和拧紧,而且也节省了材料,使单块管片质量减轻,便于运输和拼装。但因截面削弱较多,在盾构千斤顶推力作用下容易开裂,故只有强度较大的金属管片才采用箱型结构。

(2)预制装配式衬砌和模注钢筋混凝土整体式衬砌相结合的双层衬砌

为了防止隧道渗水和衬砌腐蚀,修正隧道施工误差,减少噪声和振动以及作为内部装饰,可以在装配式衬砌内部再做一层整体式混凝土或钢筋混凝土内衬。根据需要还可以在装配式衬砌与内层之间铺设防水隔离层。双层衬砌主要用在含有腐蚀性地下水的地层中。

(3)挤压混凝土衬砌

挤压混凝土衬砌就是随着盾构向前掘进,用一套衬砌施工设备在盾尾同步灌注的混凝土或钢筋混凝土整体式衬砌,因其灌注后即承受盾构千斤顶推力的挤压作用,故有此称谓。挤压混凝土衬砌可以是素混凝土,也可以是钢筋混凝土,但应用最多的是钢纤维混凝土。

挤压混凝土衬砌一次成型,内表面光滑,衬砌背后无空隙,故无须注浆,且对控制地层移动特别有效。但因挤压混凝土衬砌需要较多的施工设备,其中包括混凝土成型用的框模,拼拆框模的系统,混凝土配制车、泵、阀、管等组成的混凝土配送系统。而且,混凝土制备、配送、钢筋架立等工艺较为复杂,在渗漏性较大的土层中要达到防水要求尚有困难。故挤压混凝土衬砌的应用并不广泛。

7.4 顶管法

7.4.1 概述

顶管施工是继盾构施工之后而发展起来的一种地下管道施工方法,它不需要开挖面层,并且能够穿越公路、铁道、河川、地面建筑物、地下构筑物以及各种地下管线等。

顶管法施工就是在工作坑内借助于顶进设备产生的顶力，克服管道与周围土壤的摩擦力，将管道按设计的坡度顶入土中，并将土方运走。顶管施工借助于主顶液压缸及管道间中继间等的推力，把工具管或掘进机从工作井内穿过土层一直推到接收井内吊起。与此同时，也就把紧随工具管或掘进机后的管道埋设在两井之间，以期实现非开挖敷设地下管道的施工方法，如图 7-34 所示。

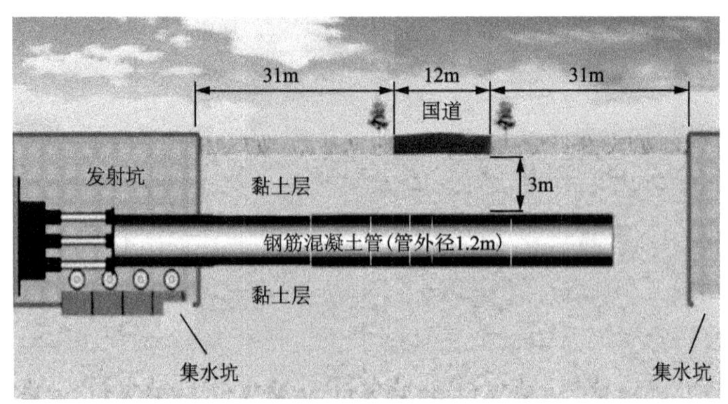

图 7-34　顶管施工工艺

为减少对交通的干扰和避免大开挖，一般大口径圆形管节在埋深大于 3m 时，可采用顶管法施工，原则上顶管管顶的覆土应大于管道外径的 1.5 倍，且覆土应大于 1.5m；且穿越河底覆土不宜小于 2.5m。

顶管法施工适用于大多数土层，可在淤泥质黏土、黏土、粉土及砂土中顶进。不宜在以下地质条件中适用：

（1）土体承载力小于 30kPa。岩体强度大于 15MPa。

（2）土层中砾石含量大于 30% 或者粒径大于 200mm 的砾石含量大于 5%。

（3）江河中覆盖土层渗透系数大于 10^{-2}cm/s。

（4）软硬土层交界面。

顶管施工法作为非开挖沟槽施工法，相对于明挖法施工有其显著的优点。但是目前适用还不是很普遍，仅在市政小型管道施工中较多采用。目前，大直径顶管、长距离顶管适用仍然较少。

顶管工作井，按其作用分为始发井和接收井两种。始发井是安放所有顶进设备的场所，也是顶管掘进机的始发场所，是承受主顶油缸推力的反作用力的构筑物，供工具管出洞、下管节、挖掘渣土的运出、材料设备的吊装、操纵人员的上下等使用。在始发井内，布置主顶千斤顶、顶铁、基坑导轨、洞口止水圈以及照明装置和井内排水设备等。在始发井的地面上，布置行车或其他类型的起重运输设备。接收井是接收顶管机或工具管的场所，与始发井相比，接收井布置比较简单。

为了适应长距离顶进管道的需要，研制了中继环。即在管道顶进的中途设置辅助千斤顶，靠辅助千斤顶提供的动力继续顶进管道，延长顶管的顶进长度。

采用中继环时，管道沿全长分成若干段，在段与段之间设置中继环。中继环是一个由钢材制成的圆环，内壁上设置有一定数量的短行程千斤顶，产生的推顶力可用于推进中继环前方的管道，如图 7-35 所示。

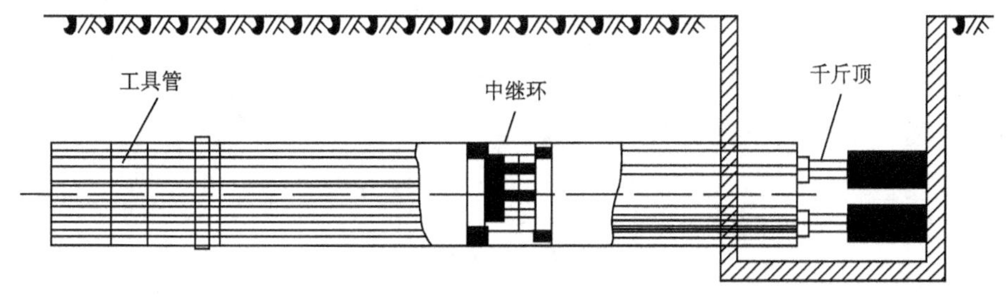

图 7-35　顶管施工工艺图

顶管法施工工艺流程为：主千斤顶顶推时，以工具管开路，推着管段穿过工作井的穿墙洞把管道压入土中→进入工具管的泥土以人工和皮带机装车，用小车拖出管道，用卷扬机吊运出井外→当千斤顶达到最大行程后，全部缩回，放入顶铁，千斤顶继续顶进→如此反复不断加入顶铁，管段不断向土中延伸，当工具管和第一节管段几乎全部顶入土中后，吊走全部顶铁→再将第二节管段吊入，装上橡胶止水，顶接在第一节管段的后面，继续顶进→如此循环施工。

7.4.2　顶管施工方法分类

顶管顶进方法的选择，应根据工程设计要求、工程水文地质条件、周围环境和现场条件，经技术经济比较后确定。顶管根据开挖方式分为人工开挖顶管和机械开挖顶管。

（1）人工开挖顶管

人工开挖顶管是在施工过程中，利用千斤顶沿轴线向前顶进使套管嵌入土层中，然后采用人工开挖，将套管内的土挖除，然后再运到工作井将其吊出。常用的管节为钢套管或钢筋混凝土套管。采用人工开挖顶管时，应将地下水位降至管底以下不小于 0.5m 处，并应采取措施，防止其他水源进入顶管的管道，如图 7-36 所示。

钢套管内比较安全，造成坍塌的可能性较小。主要适用于土质地层，一般用于易坍塌地层，例如：粗砂、透水性强的细砂、淤泥中；不适用于岩石和土质较硬地层。

混凝土套管是最传统、最原始的方法，安全性不如钢套管。主要适用于埋深浅和坍塌风险小的地质，可以对土质较硬或岩石地层进行掘进，但速度较慢。

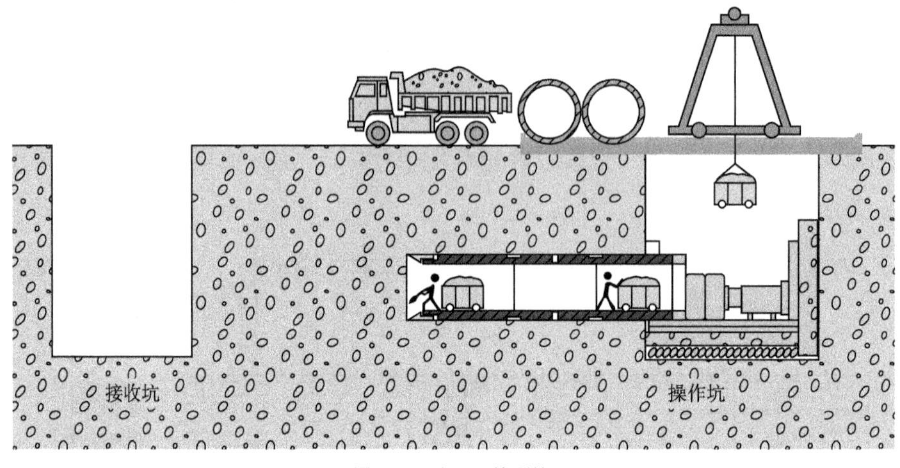

图 7-36　人工开挖顶管

（2）机械开挖顶管

近年来，机械式顶管越来越多的在市政工程中使用，目前常用的有土压平衡式顶管机、泥水平衡式顶管机、气压平衡式顶管机。

①土压平衡式顶管机。

基本工作原理是先由工作井中的主顶进油缸推动顶管机前进，同时刀盘旋转切削土体，切削下的土体进入密封泥水舱，并被挤压，形成一定的土压；再通过螺旋输送机的旋转，输送出切削的土体。通过控制螺旋输送机的出土量或顶管机前进速度，来控制密封土舱内的土压力值，使此土压力与切削面前方的静止土压力和地下水压力保持平衡，从而保证开挖面的稳定，防止地面的沉降或隆起，如图 7-37 所示。

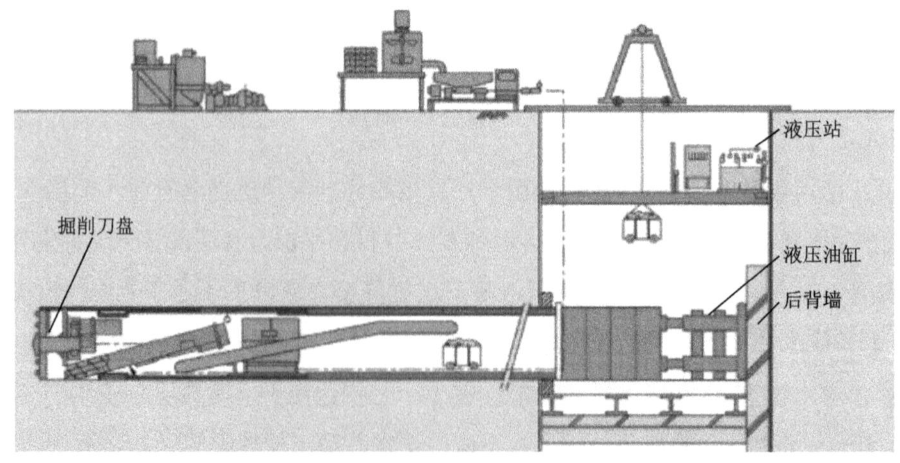

图 7-37　土压平衡式顶管

土压平衡式顶管比人工开挖相比容易控制，安全，施工时覆土可很浅，是其他形式的顶管机无法做到的，弃土运输处理方便，作业环境良好。其适用于在黏土、淤泥质黏土、粉质砂土及砂质粉土、细砂、粗砂等地层中施工，最适用于淤泥和流塑形黏性土。在卵石易坍塌段需增加水浆，改良地质，这就增加了施工难度，如控制不好进尺量和出土量的平衡，容易出现地表沉降。

②泥水平衡式顶管机。

基本工作原理是加入添加剂、膨润土、黏土以及发泡剂等使切削土塑形液化的同时，将切削刀盘切削下来的土砂用搅拌机搅拌成泥水状，使其充满开挖面与管道隔墙之间的全部开挖面，利用顶管机泥水舱内的泥水压力平衡顶管机所处土层中的土压力和地下水压力，使开挖面稳定。通过单步或者双步作业法进行顶进，同时将破碎下来的泥土利用排出的泥水来输送弃土的一种顶管施工工艺。

泥水平衡式顶管适用于淤泥和黏性土、粉土、砂土、砂砾层，适用土层较广，最适用于粉土和渗透系数较小的砂性土。在地下水压力很高以及变化范围较大的条件下，它也能适用。

与其他顶管工艺比较，泥水顶管施工时的总推力比较小，尤其是在黏土层表现得更为突出，适合长距离顶管施工。泥水平衡顶管弃土的运输和存放较困难，如采用泥浆运输，用水量较大，成本较高，作业所需场地大，设备复杂，成本较高，如遇上顶管的超浅埋土层，或遇上渗透系数特别大的砂砾和卵石层，施工作业往往受阻。

③气压平衡顶管机。

基本工作原理是通过作用于临时掘进工作面的气体压力来阻止地下水。在整个掘进工作面的高度范围内，作用的气体压力是相等的，但地下水的压力是有梯度的，因此在工具管的顶部就形成了超过平衡气体的压力超压区，在这个压力区下，土层空隙的水被挤出，地层由饱和状态过渡到不饱和状态，从而起到平衡挖掘面的作用。

气压平衡式顶管能适用于一般的土质、流砂层、淤泥层、卵石层等地下水位丰富的土层，特别对淤泥、流砂有很好的适应性；气压舱门可在遇到地下障碍物时打开进入挖掘面进行处理，顶管过程中，能看见前方障碍物，并进行排除；气压平衡顶管施工不仅能有效的保持开挖段的稳定性，对保证周围建筑安全性较好，对周围土质扰动较小，而且能较好地控制地表沉降。

气压平衡顶管施工对土质有一定的要求，因工具管内气压冲泥舱内有一定的气压，所以土质如贝壳、卵砾石或抛石回填土等，因土质之间的间隙较大，气压保存不住，工作区的气囊不能形成，顶管无法进行施工。

7.5 沉井法

7.5.1 概述

沉井是井筒状的结构物，它是以井内挖土，依靠自身重力克服井壁摩阻力后下沉到设计高程，然后经过混凝土封底并填塞井孔，使其成为桥梁墩台或其他结构物的基础。一般在施工大型桥墩的基坑，污水泵站，大型设备基础，人防掩蔽所，盾构工作井，地下车道与车站水工基础施工围护装置时使用。

将位于地下一定深度的建筑物或建筑物基础，先在地表制作成一个沉井，然后在井壁的围护下通过从井内不断挖土，使沉井在自重作用下逐渐下沉，达到预定设计高程后，再进行封底，构筑内部结构。技术上比较稳妥可靠，挖土量少，对邻近建筑物的影响比较小，沉井基础埋置较深，稳定性好，能支承较大的荷载，如图 7-38 所示。

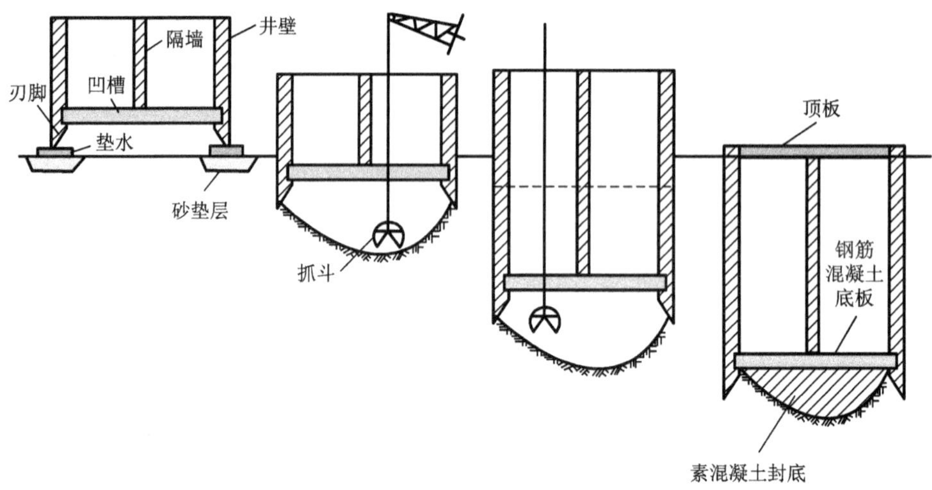

图 7-38　沉井施工工序

（1）沉井施工法的主要适用条件

①上部荷载较大，而表层地基土的容许承载力不足，扩大基础开挖工作量大，以及支撑困难，但在一定深度下有好的持力层，采用沉井基础与其他深基础相比较，经济上较为合理时。

②在山区河流中，土质虽好，但冲刷大或河中有较大卵石不便桩基础施工时。

③岩层表面较平坦且覆盖层薄，但河水较深；采用扩大基础施工围堰制作有困难时。

（2）沉井施工法的优点

①埋置深度可以很大，整体性强、稳定性好，有较大的承载面积，能承受较大的垂直荷载和水平荷载。

②沉井既是基础，又是施工时的挡土和挡水结构物，下沉过程中无须设置坑壁支撑或板桩围壁，简化了施工。

③沉井施工是在井筒内进行挖土作业，相比有围护结构的基坑来说，对控制地表变形较好，沉井施工时对邻近建筑物影响较小。

（3）沉井施工法的缺点

①沉井构件需在地面进行加工和浇筑，待达到设计强度后才能分段开始下沉作业，施工期较长。

②沉井下沉施工技术要求相对较高，施工中易发生流砂造成沉井倾斜或下沉困难等。

7.5.2　沉井构造

沉井主要由刃脚、井壁、内隔墙（梁）、凹槽、底板等构件构成，如图 7-39 所示。

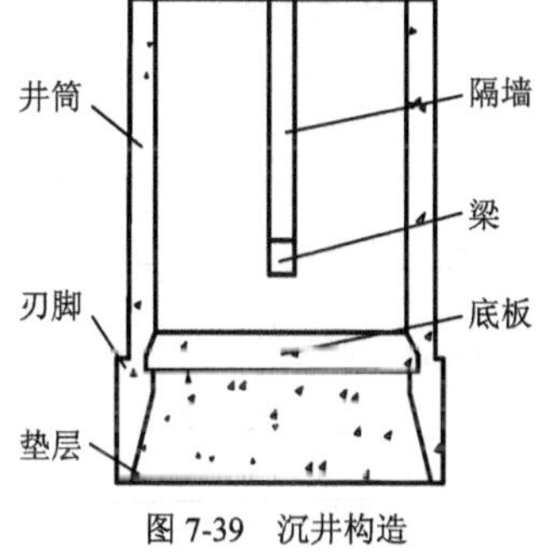

图 7-39　沉井构造

（1）井壁

井壁是指沉井的外壁，是沉井的主要部分，它应有足够的强度，以便承受沉井下沉过程中及使用时作用的荷载，同时还要求有足够的重量，使沉井在自重作用下能顺利下沉。

（2）刃脚

井壁下端一般都做成刀刃状的“刃脚”，其功用是减少下沉阻力。

（3）内隔墙

内隔墙设置在沉井井筒内，其主要作用是增加沉井在下沉过程中的刚度，同时，又把整个沉井分隔成多个施工井孔（取土井），使挖土和下沉可以较均衡地进行，也便于沉井偏斜时的纠偏。

（4）凹槽

凹槽设置在刃脚上方井壁内侧，其作用时使封底混凝土和底板与井壁间有更好的联结，以传递基底反力。

（5）底板

沉井的底板在井筒的下部，是沉井的井底。为增强井壁与底板的连接，在刃脚上部井筒壁上留有连接底板的企口凹槽，深度为 100 ～ 200mm。

7.5.3 沉井施工

沉井施工的工艺流程：场地平整→铺垫木、制作底节沉井→拆模，刃脚下一边填塞砂、一边对称抽拔出垫木→均匀开挖下沉沉井，底节沉井下沉完毕→建筑第二节沉井，继续开挖下沉并接筑下一节井壁→下沉至设计高程，清基→沉井封底处理→施工井内设计和封顶等。

（1）准备工作

①按施工方案要求，进行施工平面布置，设定沉井中心桩，轴线控制桩，基坑开挖深度及边坡。

②沉井施工影响附近建（构）筑物、管线或河岸设施时，应采取控制措施，并应进行沉降和位移监测，测点应设在不受施工干扰和方便测量的地方。

③地下水位应控制在沉井基坑以下 0.5m，基坑内的水应及时排除；采用沉井筑岛法制作时，岛面高程应比施工期最高水位高出 0.5m 以上。

④基坑开挖应分层有序进行，保持平整和疏干状态。

（2）沉井预制

①结构的钢筋、模板、混凝土工程施工应符合《现浇（预应力）混凝土水池施工技术》（1K414021）有关规定和设计要求；混凝土应对称、均匀、水平连续分层浇筑，并应防止沉井偏斜。

②分节制作沉井。

a. 每节制作高度应符合施工方案要求，且第一节制作高度必须高于刃脚部分；井内设有底梁或支撑梁时应与刃脚部分整体浇捣。

b. 设计无要求时，混凝土强度应达到设计强度等级 75% 后，方可拆除模板或浇筑后节混凝土。

c. 混凝土施工缝处理应采用凹凸缝或设置钢板止水带，施工缝应凿毛并清理干净；内外模板采用对拉螺栓固定时，其对拉螺栓的中间应设置防渗止水片；钢筋密集部位和预留孔底部应辅以人工振捣，保证结构密实。

d. 沉井每次接高时各部位的轴线位置应一致、重合，及时做好沉降和位移监测；必要时应对刃脚地基承载力进行验算，并采取相应措施确保地基及结构的稳定。

e. 分节制作、分次下沉的沉井，前次下沉后进行后续接高施工。

（3）地基与垫层

①制作沉井的地基应具有足够的承载力，地基承载力不能满足沉井制作阶段的荷载时，

应按设计进行地基加固。

②刃脚的垫层采用砂垫层上铺垫木或素混凝土，且应满足下列要求：

a. 垫层的结构厚度和宽度应根据土体地基承载力、沉井下沉结构高度和结构形式，经计算确定；素混凝土垫层的厚度还应便于沉井下沉前凿除。

b. 砂垫层分布在刃脚中心线的两侧范围，应考虑方便抽除垫木；砂垫层宜采用中粗砂，并应分层铺设、分层夯实。

c. 垫木铺设应使刃脚底面在同一水平面上，并符合设计起沉高程的要求；平面布置要均匀对称，每根垫木的长度中心应与刃脚底面中心线重合，定位垫木的布置应使沉井有对称的着力点。

d. 采用素混凝土垫层时，其强度等级应符合设计要求，表面平整。

（4）下沉

①排水下沉。

a. 应采取措施，确保下沉和降低地下水过程中不危及周围建（构）筑物、道路或地下管线，并保证下沉过程和终沉时的坑底稳定。

b. 下沉过程中应进行连续排水，保证沉井范围内地层水疏干。

c. 挖土应分层、均匀、对称进行；对于有底梁或支撑梁沉井，其相邻格仓高差不宜超过 0.5m；开挖顺序应根据地质条件、下沉阶段、下沉情况综合运用和灵活掌握，严禁超挖。

d. 用抓斗取土时，井内严禁站人，严禁在底梁以下任意穿越。

②不排水下沉。

a. 沉井内水位应符合施工设计控制水位；下沉有困难时，应根据内外水位、井底开挖几何形状、下沉量及速率、地表沉降等监测资料综合分析调整井内外的水位差（水位差：井内比井外高 1 ～ 2m）。

b. 机械设备的配备应满足沉井下沉以及水中开挖、出土等要求，运行正常；废弃土方、泥浆应专门处置，不得随意排放。

c. 水中开挖、出土方式应根据井内水深、周围环境控制要求等因素选择。

d. 沉井刃脚采用砖模时，其底模和斜面部分可采用砂浆、砖砌筑；每隔适当距离砌成垂直缝。砖模表面可采用水泥砂浆抹面，并应涂一层隔离剂。

③沉井下沉控制。

a. 下沉应平稳、均衡、缓慢，发生偏斜应通过调整开挖顺序和方式“随挖随纠、动中纠偏”。

b. 应按施工方案规定的顺序和方式开挖。

c. 沉井下沉影响范围内的地面四周不得堆放任何东西，车辆来往要减少振动。

d. 沉井下沉监控测量。

（a）下沉时高程、轴线位移每班至少测量一次，每次下沉稳定后应进行高差和中心位移量的计算。

（b）终沉时，每小时测一次，严格控制超沉，沉井封底前自沉速率应＜10mm/8h。

（c）如发生异常情况应加密量测。

（d）大型沉井应进行结构变形和裂缝观测。

④辅助法下沉。

a. 沉井采用阶梯形外壁以减少下沉摩擦阻力时，在井外壁与土体之间应有专人随时用黄砂均匀灌入，四周灌入黄砂的高差不应超过500mm。

b. 采用触变泥浆套助沉时，应采用自流渗入、管路强制压注补给等方法；触变泥浆的性能应满足施工要求，泥浆补给应及时以保证泥浆液面高度；施工中应采取措施防止泥浆套损坏失效，下沉到位后应进行泥浆置换。

c. 采用空气幕助沉时，管路和喷气孔、压气设备及系统装置的设置应满足施工要求；开气应自上而下，停气应缓慢减压，压气与挖土应交替作业；确保施工安全。

d. 沉井采用爆破方法开挖下沉时，应符合国家有关爆破安全的规定。

（5）封底

①干封底施工方法。

a. 在井点降水条件下施工的沉井应继续降水，并稳定保持地下水位距坑底不小于0.5m；在沉井封底前应用大石块将刃脚下垫实。

b. 封底前应整理好坑底和清除浮泥，对超挖部分应回填砂石至规定高程。

c. 采用全断面封底时，混凝土垫层应一次性连续浇筑；有底梁或支撑梁分格封底时，应对称逐格浇筑。

d. 钢筋混凝土底板施工前，井内应无渗漏水，且新、老混凝土接触部位凿毛处理，并清理干净。

e. 封底前应设置泄水井，底板混凝土强度达到设计强度等级且满足抗浮要求时，方可封填泄水井、停止降水。

②水下封底施工方法。

a. 基底的浮泥、沉积物和风化岩块等应清除干净；软土地基应铺设碎石或卵石垫层。

b. 混凝土凿毛部位应洗刷干净。

c. 浇筑混凝土的导管加工、设置应满足施工要求。

d. 浇筑前，每根导管应有足够的混凝土量，浇筑时能一次将导管底埋住。

e. 水下混凝土封底的浇筑顺序，应从低处开始，逐渐向周围扩大；井内有隔墙、底梁或混凝土供应量受到限制时，应分格对称浇筑。

f. 每根导管的混凝土应连续浇筑，且导管埋入混凝土的深度不宜小于 1.0m；各导管间混凝土浇筑面的平均上升速度不应小于 0.25m/h；相邻导管间混凝土上升速度宜相近，最终浇筑成的混凝土面应略高于设计高程。

g. 水下封底混凝土强度达到设计强度等级，沉井能满足抗浮要求时，方可将井内水抽除，并凿除表面松散混凝土进行钢筋混凝土底板施工。

参考文献

[1] 童林旭，于润涛，汪德华．关于有计划开发利用我国城市地下空间问题的意见[J]. 地下空间，1992，12（1）.

[2] 王漩，束昱．城市的可持续发展与地下空间开发利用[J]. 地下空间，1997，17（9）.

[3] 赵俊玉，陈志龙，姜韦华．城市地下空间开发利用的立法和管理体制探讨[J]. 地下空间，2000，20（2）.

[4] 章福生，陈林．论城市可持续性发展与地下空间利用[J]. 地下空间，2002，2（1）.

[5] 谭作平．论广州市地下空间的开发与利用[J]. 城市开发，2003，3.

[6] 钱七虎．岩土工程领域若干工程途径的辨证对比思考[J]. 岩土工程界，2003，6（10）.

[7] 陈祥健．建立我国空间建设用地使用权制度若干问题的探讨[J]. 中国政法大学学报，2003，21（1）.

[8] 谭作平．城市地下空间的开发与利用[N]. 中国房地产报，2003.04.10.

[9] 赵宇．人防工程建设与城市地下空间开发利用相结合战略及对策研究[D]. 重庆：重庆大学，2004.

[10] 贺成斌．西安市城市中心区地下空间开发利用研究[D]. 西安：西安科技大学，2004.

[11] 张保贵．土地空间权研究[D]. 开封：河南大学硕士学位论文，2004.

[12] 倪彬，刘新荣．关于构建我国城市地下空间开发与利用的立法体系初探[C]. 北京：市政技术，2004.

[13] 刘新荣，王永新，孙辉，等．城市可持续发展与城市地下空间的开发利用[C]. 上海：地下空间编辑部，2004.

[14] 倪彬，刘新荣．我国城市地下空间立法体系构想[J]. 地下空间与工程学报，2005，1（1）.

[15] 赵建彬，彭建勋．论城市地下空间规划与发展[J]. 山西建筑，2005，31（21）.

[16] 彭建勋．发展居住区地下空间推进小区环境建设[D]. 太原：太原理工大学，2006.

[17] 李秀民．空间权法律问题研究[D]. 哈尔滨：黑龙江大学硕士学位论文，2006.

[18] 陈志龙．浅谈城市地下空间规划的前瞻性和可操作性[J]. 地下空间与工程学报，2006，2（7）.

[19] 吴彤，倪绍祥．我国城市地下空间资源利用浅析[J]. 江苏地质，2006，30（3）.

[20] 侯伟生，张耀年．积极推进城市地下空间的开发利用[J]. 福建建设科技，2006，（5）.

[21] 李迅．关于城市地下空间规划的若干问题探讨[J]. 民防苑，2006.

[22] 唐福祥．东莞市地下空间开发需求预测及岩土技术初探[D]. 广州：广东工业大学，2007.

[23] 袁锦富，郑文含．城市地下空间开发利用与规划 [J]. 江苏城市规划，2007，（7）.

[24] 刘春彦，宋希超．空间使用权法律问题思考 [J]. 山西高等学校社会科学学报，2007，19（2）.

[25] 张慧．地下空间权研究 [D]. 南京：南京航空航天大学，2008.

[26] 吴桥山．地下空间权制度探析 [D]. 贵阳：贵州大学，2008.

[27] 黄亚伟．空间建设用地使用权制度研究 [D]. 成都：西南财经大学，2009.

[28] 王献玉，李长凤，张丹等．地下空间的开发与利用新举措 [J]. 低温建筑技术，2010，（11）.

[29] 吴群慧．促进城市地下空间开发的可持续发展 [N]. 联合时报，2010.

[30] 周维．上海市地下空间理发研究 [D]. 上海：复旦大学，2011.

[31] 薄燕娜．论空间权 [D]. 北京：中国政法大学，2011.

[32] 唐焱，杨伟洪．城市地下空间估价研究综述 [J]. 地下空间与工程学报，2011，7（1）.

[33] 章海燕．关于城市地下空间开发利用规划的思考 [J]. 中国城市经济，2011，8.

[34] 姚荷孙．上海民防工程建设与地下空间开发利用 [J]. 上海国土资源，2011，32（2）.

[35] 王燕霞．论空间建设用地使用权登记制度之构建 [J]. 政法学刊，2012，29（3）.

[36] 邹阳，苏东宾．南昌市轨道交通建设背景下的城市地下空间开发利用 [J]. 中共南昌市委党校学报，2012，10（2）.

[37] 余永林．城市地下空间利用的土地产权及收益分配问题研究 [D]. 西安：长安大学，2013.

[38] 段浩梁．开发地下空间促进城市可持续发展 [N]. 中国建筑报，2013.

[39] 翁金财．论城市地下空间使用权的立法完善研究 [D]. 长春：吉林大学，2014.

[40] 孙今立．天津港地下空间集约利用 RS/GIS 综合分析 [D]. 北京：中国地质大学（北京），2015.

[41] 康纪田，刘卫常．地下矿业空间使用权制度研究 [J]. 甘肃政法学院学报，2015，（4）.

[42] 刘春彦，宋希超．地下空间使用权性质及立法思考 [J]. 同济大学学报，2017，18（3）.

[43] 王孟和，储征伟，郑勇，等．基于 3DSLAM 移动扫描技术的地下空间测量方法研究 [J]. 城市勘测，2017，6（3）.

[44] 经济观澜 - 财经世界 - 和讯论坛．中国地下空间开发市场运营格局与投资策略分析报告．(2018-6-4). http://bbs.hexun.com/money/post_568_5422752_1_d.html.

[45] 地下工程与管道．(2018-6-4). http://wenku.baidu.com/view/7a5b05ea172ded630b1cb69b.html.

[46] 中国土木工程学会．(2018-6-4). http://www.cces.net.cn/guild/sites/tmxh/detail.asp?i=xshdxshy&id=19119.

[47] 肖明．地下空间开发与利用复习．(2018-6-4). http://wenku.baidu.com/view/ec978d26ccbff121dd368331.html.

[48] 肖明．地下空间开发与利用．(2018-6-4). http://www.docin.com/p-50943346.html.

[49] 地下空间的开发与利用．(2018-6-4). http://www.examda.com/yt/jingyan/20101116/100941194. html.

[50] 国外地下空间开发利用的现状．(2018-6-4). http://wenku.baidu.com/view/9ab45f1255270722192ef7b2.html.

[51] 地下空间课件版．(2018-6-4). http://wenku.baidu.com/view/88215d4d2e3f5727a5e9621d.html.

[52] 地下工程勘察设计与施工技术实用手册 .（2018-6-4）. http://www.docin.com/p-119520445.html

[53] 建立我国空间建设用地使用权制度若干问题的探讨 .（2018-6-4）. http://www.docin.com/p-173328822.html，

[54] 法制网 . 法学前沿 .（2018-6-4）. http://www.legaldaily.com.cn/Frontier_of_law/content/2013-03/11/content_4263046_3.htm.